COSMOGRAPHIE.

Orléans, imprimerie d'A. GATINEAU, rue Royale, 78.

COSMOGRAPHIE

OU

TRAITÉ DE L'UNIVERS MATÉRIEL

EXPLIQUÉ

SELON LES PRINCIPES DES LOIS PHYSIQUES;

PAR M........

ORLÉANS,

Chez Alphonse GATINEAU, Imprimeur-Libraire;

A PARIS, CHEZ BACHELIER, QUAI DES AUGUSTINS.

1839

INTRODUCTION.

L'aspect imposant et sublime du mécanisme céleste, sa contexture hardie et le vif éclat dont brillent les globes qui le composent, en ont de tout temps fait le juste objet de l'admiration de tous les êtres pensants, et celui des méditations des hommes instruits qui n'ont pu voir sans étonnement toutes les parties de ce grand œuvre, quoique entièrement détachées les unes des autres, se soutenir dans leurs mêmes positions au milieu d'un élément de la plus grande fluidité, y décrire des cercles réguliers, revenir constamment à leur point de départ après avoir fini leur cours, pour commencer de nouveau un mouvement dans le même sens.

La force qui les assujettit, et la cause qui les fait mouvoir avec tant d'ordre, ont paru à quelques philosophes des secrets impénétrables à l'esprit humain. Si Dieu eût voulu nous en faire un mystère, il n'aurait pas étalé le tout sans voile à nos yeux, et ne nous eût pas gratifiés de cette faible portion d'intelligence qui nous rend si supérieurs au reste des êtres. C'est à leur faiblesse qu'ils devraient s'en prendre, et non pas à une intention et à un fait qui ne sont jamais entrés dans la pensée de Dieu, qui pouvait d'autant plus montrer son œuvre à découvert, qu'il n'avait point à redouter notre rivalité et nos tentatives ambitieuses.

Les savants modernes, réellement plus instruits que les anciens, ont cru pouvoir rendre

raison de l'action de ce mécanisme, en attri-
buant aux corps célestes des forces attractives,
d'après lesquelles tout corps quelconque tend
vers un centre commun, où il se précipite pour
y trouver un point d'appui. Ils prétendent que
la force de l'attraction est en raison inverse du
carré des distances, c'est-à-dire que plus le
corps tombant est loin du centre, moins sa chute
a de vitesse; plus il en approche, plus son
mouvement prend de célérité.

Ils ont aussi imaginé, pour le maintien des
corps célestes, une autre puissance occulte, à
laquelle ils ont donné le nom de *gravitation;*
ils ont dit que les corps célestes, par la seule
vertu de leur constitution physique, s'attirent
mutuellement, et que leur force attractive est
en raison directe de leurs masses, c'est-à-dire
qu'un corps qui contient trois cents pieds cubes
de matière, attirera trois fois aussi vite qu'un
corps qui ne tient que cent pieds cubes; ils
en ont déduit des conséquences les plus puériles,
et sont parvenus à faire de leur système le

plus extraordinaire monument qu'il soit jamais possible d'élever à l'extravagance de l'esprit humain.

En raisonnant selon les principes de la saine physique, il est évident que si un corps gravitait vers un autre corps, ils finiraient bientôt par se réunir, à moins de leur supposer une force répulsive égale à celle attractive, pour en empêcher la réunion ; mais toutes ces forces occultes et contradictoires ne peuvent pas exister à la fois dans la même matière : la raison se refuse à le croire, parce qu'un tel conflit aurait bientôt détruit l'équilibre en gênant la liberté des mouvements, et mettant une entrave perpétuelle à leur cours.

Considéré sous son rapport matériel, l'univers n'est pas moins étonnant ; nous avons peine à concevoir comment la terre, joignant un poids immense à un volume prodigieux, peut se soutenir en équilibre au sein d'une atmosphère extrêmement déliée. Quelle est la nature du soleil, dont l'incandescence continuelle nous procure la lumière et la chaleur sans aliments apparents et sans altération sensible? Pourquoi, parmi les corps célestes, il en est de lumineux et d'opaques? A quoi sont-ils destinés? Pourquoi existent-ils? Sont-ils habités ou non? Tout autant de questions sérieuses qui ont agité beaucoup d'esprits, sans qu'aucun ait pu les résoudre.

Faire voir qu'en organisant l'univers Dieu n'a rien fait en vain et dans sa seule satisfaction, mais qu'il a tout donné dans l'intérêt de son propre ouvrage, et n'a rien négligé de ce qui en pouvait invariablement maintenir l'équilibre et rendre éternelle la durée de ses premiers effets, est la tâche que nous nous sommes imposée, tâche d'autant plus difficile, que nous sommes dépourvu des connaissances nécessaires pour traiter convenablement un pareil sujet; privé de moyens d'expériences, il faut que notre imagination supplée à tout, et qu'un travail pénible surmonte tous les obstacles.

A l'exception de Ptolémée et Julius Martianus, dont les systèmes des mouvements sont les mieux

raisonnés, tous ceux des autres auteurs sont tout-
à-fait erronés. Les lois de l'attraction et de la
gravitation, telles qu'ils les ont expliquées, sont
de purs paralogismes. Les cercles elliptiques et
paraboliques qu'ils se sont imaginés être décrits
par les corps célestes, le mouvement de rotation
de la terre sur elle-même, l'immobilité du soleil,
son volume, ceux des autres corps célestes et
leurs distances à la terre, sont des aberrations
qui humilient l'astronomie, parce qu'elles con-
trastent trop ouvertement avec l'évidence de fait,
et qu'elles blessent grossièrement les règles de
l'optique.

Comment, en effet, concilier un système qui
fait tourner la terre sur elle-même en vingt-
quatre heures, tout en décrivant autour du soleil un cercle de cent quatre-vingt-huit millions
de lieues de circonférence, système qui fait tourner la lune autour de la terre en vingt-quatre
heures trois quarts, et maintient le soleil immobile au centre de toute la machine? N'est-
il pas évident que si, comme le prétendent les

astronomes, la terre tournait sur elle-même d'occident en orient, joint au mouvement de la lune, qui s'effectue d'orient en occident, c'est-à-dire en sens contraire, le jour lunaire ne serait que de onze heures cinquante-deux minutes, puisque chacun de ces deux corps, avançant dans le sens opposé, opérerait la moitié du chemin, et le soleil, restant immobile, se trouverait au milieu de leur cours commun ; leurs mouvements seraient constamment en désaccord et nous verrions la lune deux fois par vingt-quatre heures sur notre horizon : cette vérité nous paraît si sensible, qu'il n'est pas nécessaire d'être grand logicien ni habile mécanicien pour en sentir l'évidence.

Dans le système que nous émettons, nous nous proposons de faire voir que la terre immobile est le centre de l'univers et celui des mouvements de tous les corps célestes ; pour y parvenir, nous commencerons par décrire l'univers matériel ou physique, c'est-à-dire les différentes parties qui composent son ensemble ; les fonctions qu'elles sont chargées de remplir les unes envers les autres, la cause physique, générale et unique de leurs mouvements.

Nous n'espérons pas donner un système parfait; d'abord parce que nous n'avons suivi aucun cours sur les différentes branches de sciences qu'il serait nécessaire de réunir pour traiter convenablement un pareil sujet ; et qu'en second lieu, la constitution physique et morale d'un seul homme ne comporte pas qu'il puisse raisonner sur un aussi vaste sujet, dans toute son étendue et sous tous ses rapports. Notre désir est de pouvoir le représenter de manière à ce que l'ensemble puisse être vu d'un seul coup-d'œil, embrassé d'une seule pensée, et nous apporterons tous nos soins à raisonner ce système selon les principes rigoureux des sciences, parce que Dieu en organisant l'univers matériel n'a pu agir que selon les principes des lois physiques ; mais aussi, aux yeux des connaisseurs, des êtres pensants, sa gloire consiste dans l'art admirable avec lequel Dieu a su combiner les divers élé-

ments pour ne former un assemblage aussi com-
pliqué, aussi parfait et aussi sublime que l'u-
nivers, et dont l'éternité est basée sur cette
même combinaison.

COSMOGRAPHIE.

Première Partie.

DE L'UNIVERS CONSIDÉRÉ SOUS SON RAPPORT MATÉRIEL.

§ Ier.

LA TERRE.

Comme le plus volumineux et le plus dense de tous les corps que Dieu a créés, la terre est placée au centre de l'univers; c'est autour de son axe que tous les mouvements s'exécutent. Elle seule, à cause de la diversité des matières qui composent son ensemble, est végétale et habitable; seule elle alimente le reste de l'univers. Si la terre cessait pendant quelque temps de remplir ses fonctions ordinaires, tout l'équilibre serait détruit : ce serait le moment d'un nouveau chaos. La terre est donc un corps privilégié que Dieu a organisé avec toutes les marques possibles de sa prédilection. Le soleil, la lune et les autres corps célestes lui doivent leurs moyens conservateurs; mais, en retour, leurs fonctions la vivifient et la rendent productive; sans eux, elle ne serait qu'une masse informe, stérile, et telle-

ment resserrée, que rien, sur sa surface, ne pourrait
ni végéter ni exister.

Elle doit la conservation de son immobilité à l'atmosphère qui l'environne de toutes parts, et qui, bien que
légère et déliée, suffit pour l'assujettir.

Les savants qui prétendent que la terre tourne sur
elle-même d'occident en orient dans l'espace de vingt-
quatre heures, et que l'atmosphère qui l'enveloppe obéit
à ce mouvement de rotation, sont dans l'erreur. Si l'atmosphère tenait à l'enveloppe de la terre, comme les
arbres d'une forêt tiennent à son sol, il est certain qu'elle
obéirait au mouvement de rotation de ce globe; mais il
est contre toute vraisemblance, il répugne à la raison,
de croire qu'un fluide aussi délié, aussi léger que l'air
qui enveloppe la terre, puisse jamais obéir au mouvement de rotation d'un corps qu'il enveloppe. L'air libre,
au milieu duquel on fait passer rapidement un boulet,
une balle, ou tout autre corps, obéit-il au mouvement
de ce corps? N'occasionne-t-il pas, au contraire, un
sifflement qui annonce une véritable résistance?

D'ailleurs si, comme on le prétend, la terre tournait sur elle-même, d'occident en orient, et que son
atmosphère en suivît le sort, la stagnation du fluide atmosphérique serait toujours la même; son équilibre ne
serait jamais rompu; nous ne connaîtrions pas la variété
des vents, puisque la rapidité du mouvement de la terre
égalerait, dans ce cas, celle d'un boulet qui franchit
sept lieues à la minute, et que les vents les plus violents
ne parcourent environ qu'une demi-lieue à la minute.

Il serait donc impossible qu'il y eût un vent venant d'occident, puisque c'est dans ce sens que la terre et son atmosphère tourneraient, et qu'ils iraient quatorze fois aussi vite que les plus grands vents. Ces vents, qui ne pourraient suivre le cours ordinaire de l'atmosphère, ne pourraient donc, à plus forte raison, la brusquer dans ce sens. Il serait physiquement impossible qu'il y eût un vent d'orient, puisqu'il serait en opposition au torrent des vapeurs atmosphériques, qui ne leur permettraient pas la moindre résistance et les entraîneraient dans la rapidité de leur cours.

Si la terre et son atmosphère tournaient ensemble, comme on nous le dit, et que l'on fît partir un boulet de l'occident vers l'orient, c'est-à-dire dans le sens du mouvement de la terre, il est certain que le boulet ne s'éloignerait pas de deux pouces de l'embouchure du tube, puisque l'affût, qui, bien entendu, obéirait au mouvement de la terre, parcourrait sept lieues à la minute, et que le boulet ne pourrait aller plus vite ; à l'instant où la force projectrice aurait abandonné le boulet, il tomberait au bas de l'affût. Un homme ne courrait aucun danger de se mettre devant l'embouchure d'un canon, au moment où on y met le feu, puisqu'ainsi que la terre et l'affût du canon, ils iraient aussi vite que le boulet.

En faisant partir un boulet vers l'occident, en supposant que la force active pût le soutenir pendant une minute, il devrait au bout d'une minute, s'il était vrai que la terre tournât d'occident en orient, se trouver à quatorze lieues de l'affût, puisque l'affût qui aurait suivi le mouvement de la terre aurait parcouru sept lieues vers l'orient, tandis que le boulet en aurait parcouru sept vers l'occident. Et si au bout d'une minute le boulet n'était qu'à sept lieues, il en résulterait de deux choses l'une, ou la terre serait immobile et le boulet aurait parcouru l'espace reconnu, ou bien la terre aurait tourné sur elle-même et le boulet serait resté en suspension au sortir du tube, et tomberait au bas de l'affût.

En faisant partir un boulet vers le midi ou le nord, si la terre tournait, la ligne méridienne, à laquelle il s'arrêterait au bout d'une minute, devrait se trouver éloignée vers l'occident de sept lieues de la méridienne où l'affût est placé, puisque la terre et par conséquent l'affût, ainsi que le point de mire qui tient à la terre, auraient avancé de sept lieues vers l'orient, tandis que le boulet aurait conservé la même méridienne. De manière que quand on voudrait obtenir un point de mire en lançant un boulet du nord au sud, il faudrait qu'au moment où l'on met le feu, l'objet, ou point de mire, fût éloigné vers l'occident de la méridienne sur laquelle est l'affût, d'une distance proportionnée au temps que le boulet doit mettre à parcourir l'espace contenu entre le bout du tube et le point de mire; et comme on ne pourrait jamais le mesurer avec une justesse proportionnée à la vitesse du boulet, il serait physiquement impossible d'atteindre le point de mire. Une balle, une pierre, ou tout autre corps, dirigés dans le sens du nord au sud, n'atteindraient jamais le but proposé; un enfant qui à quinze pas viserait une pierre vers un arbre, serait étonné de voir sa pierre tomber à cinquante pas en côté de l'arbre, et de voir qu'il ferait en vain de nouveaux efforts pour obtenir un meilleur succès. Un chasseur à cent pas au levant de son hameau, qui voudrait tirer au vol un oiseau dirigeant son cours vers l'orient, verrait avec surprise l'oiseau continuer son chemin, et son plomb ravager les basses-cours ou fracasser les vitres des habitants du hameau.

Un oiseau qui voudrait diriger son vol vers l'orient, et gagner un bois, une pièce d'eau ou un champ, serait surpris de s'en voir éloigner lorsqu'il ferait tous ses efforts pour y arriver, parce qu'il lui serait impossible de suivre le mouvement de la terre, et de faire sept lieues à la minute; ce serait le cas de dire qu'il recule en avançant.

En tirant un boulet perpendiculairement en l'air, et en supposant qu'il montât pendant une demi-minute et qu'il en mît autant à descendre, si la terre tournait d'occident en orient, ce boulet ne devrait-il pas tomber à sept lieues vers l'occident du point où il serait parti, puisque l'affût et le canon auraient suivi le mouvement de la terre et que le boulet aurait conservé sa perpendiculaire. Mais, dira quelqu'un, l'atmosphère qui entraîne tout avec elle, aura ramené le boulet à son point de départ. Buffon, tome II, page 156, dit aussi précisément que tout fluide qui environnerait la terre, ne pourrait avoir aucun mouvement particulier, en vertu de la rotation de ce globe.

Homme pensant, ne vois-tu pas que si l'atmosphère tournait comme la terre, un vaisseau ne pourrait ja-

mais faire un pas vers l'occident : une diligence atte-
lée de mille chevaux n'avancerait pas de six pouces en
quinze jours vers l'occident; puisque tu dis que l'atmosphère entraîne un boulet, à plus forte raison s'oppo-
serait-elle au mouvement d'une voiture, il serait impossible à tout être quelconque de voyager vers l'occident. Il ne suffit pas de raisonner, il faut être conséquent.

Par quelle fatalité l'absurde système du mouvement
de la terre a-t-il trouvé des partisans? Comment se fait-
il que des hommes aient assez peu réfléchi pour y
croire? Que dirons de nous nos arrière-neveux, lorsqu'ils jeteront les yeux sur ces bizarres productions
d'une imagination exaltée, aussi légèrement adoptées par
un public éclairé?

Si la terre tournait, non-seulement son atmosphère
ne suivrait pas son mouvement, parce que la chose est
impossible, mais encore l'air, par ce mouvement, serait
brusqué avec une telle violence, que son seul frottement
soulèverait tout ce qu'il rencontrerait : forêts, montagnes, édifices; il agirait toujours de l'orient vers l'occident, parce que les aspérités de la terre le sillonne-
raient d'occident en orient avec la rapidité d'un boulet,
puisque l'expérience prouve chaque jour qu'un air qui
éprouve le foulage de l'atmosphère exerce dans sa fou-
gue des ravages qu'aucune force humaine ne peut empêcher, et encore il ne parcourt qu'une demi-lieue à la
minute; que serait-ce donc s'il parcourait sept lieues
dans le même temps?

L'air ne tourne point, ses fluctuations n'ont d'autre cause que l'amas des vapeurs de la terre dans les régions supérieures; lorsque ces vapeurs ne peuvent plus être soutenues par l'air, et qu'elles ne peuvent s'abaisser perpendiculairement, elles prennent leur écoulement vers l'endroit qui oppose le moins de résistance, c'est-à-dire l'endroit de l'espace le moins chargé de vapeurs, et c'est en s'abaissant qu'elles prennent un cours dont la rapidité est proportionnée à leur masse; elles n'ébranlent jamais que la quantité des vapeurs contenues dans l'espace nécessaire à leur écoulement; elles les entraînent avec elles jusqu'au moment où leur décharge est suffisante pour ne plus forcer l'élasticité de l'air.

La terre est assujettie dans sa position verticale par la seule pression atmosphérique, qui ne lui permet pas le moindre dérangement; comme l'atmosphère est elle-même circonscrite par les corps célestes, il en résulte que la terre ne pouvant rompre cette immense enveloppe, est forcée de rester au centre que lui a assigné l'auteur de la nature : elle ne peut dévier dans sa situation polaire, elle y est assujettie par l'aimant ou magnétisme.

Les fonctions de la terre consistent à exhaler continuellement les gaz hétérogènes dans lesquels l'eau entre pour la plus grande partie; c'est elle qui, par sa fluidité et sa divisibilité, leur sert de véhicule. L'eau ne s'élève jamais pure; elle est toujours combinée avec les matières terreuses, végétales et animales que son imbibition a détachées et atténuées; elle s'en charge dans ses écarts aériens, et les accompagne jusque dans les régions supérieures, où son atténuation est telle, qu'elle ne peut donner prise aux rayons caloriques, qui, en se précipitant du soleil vers la terre, ne font plus que la frôler : c'est alors que, réunie en masse et exposée au froid rigoureux qui la condense, elle s'abaisse vers la terre sous la forme de nuages. Le gaz inflammable qu'elle avait charié continue son ascension, parce que le froid n'a aucune prise sur lui, et qu'il est plus léger que l'air dont il se sépare.

Il ne faut pourtant pas considérer l'eau dans ce travail comme un agent actif par lui-même, car elle ne joue qu'un rôle secondaire ou passif; c'est le feu élémentaire ou solaire qui est l'unique agent de la nature, que lui seul met en action. On dirait qu'il n'existe que pour son tourment; car, dès qu'il est absent, tous les mouvements cessent, les corps sont frappés d'inertie, une léthargie générale s'empare de la nature; mais dès qu'il reparaît, c'est pour exciter les mouvements et la vie, et forcer la nature à s'enrichir de nouvelles productions. La fluidité de l'eau n'est due qu'à la présence du feu; sans lui elle serait constamment abandonnée à elle-même sous la forme de glace. Le feu, en la pénétrant, dilate toutes ses parties, qui n'ont entre elles aucune liaison; mais comme la fluidité de cet élément gêne l'action énergique du calorique, il cherche bientôt à s'en échapper en prenant son essor dans l'air où il est plus libre, et entraîne une infinité de parcelles que sa présence allégit.

Le calorique ou les rayons solaires qui s'introduisent dans la terre, par l'ouverture de ses pores, ayant prise sur l'eau et les matières qui y ont de l'affinité, dilate toutes celles qu'il rencontre; l'expansion que sa présence leur occasionne les fait excéder en volume la capacité de leurs réceptacles, d'où elles sont forcées de s'échapper par toutes les issues qui se présentent; alors, combinées avec le feu ou calorique, elles s'élancent dans l'atmosphère, entraînant une infinité de parcelles hétérogènes que leur frottement a détachées.

Le gaz inflammable, ou mieux l'électricité, que les physiciens désignent sous le nom d'*air de feu, d'hydrogène, ou gaz inflammable,* est abondamment répandu dans l'atmosphère qui lui doit sa salubrité. Les corps combustibles plongés dedans y brûlent plus vite, et répandent une lumière plus brillante que s'ils étaient plongés dans un air composé.

Cet air est produit par l'analyse ou décomposition des corps appartenants aux trois règnes de la nature, et principalement dans celui des animaux et des végétaux. Les végétaux s'en chargent dans l'acte de la végétation, et l'aspirent avec l'humidité et la matière végétale, avec lesquelles l'électricité se combine dans l'intérieur de la terre; ils en rendent une partie par l'évaporation. Les animaux s'en chargent dans leurs aliments; une portion est rendue par la transpiration, le surplus est incorporé à leur être, et principalement la graisse, les os, etc. Ce fluide a donc subi, dans les végétaux et les animaux, une espèce de macération qui en a, pour ainsi dire, changé la nature, en le rendant plus propre à l'incandescence.

Lorsque des animaux et des végétaux, après leur destruction, sont abandonnés sur la surface de la terre, ils s'y décomposent ; le calorique, combiné avec l'air commun, en détache toutes les parcelles qui leur donnent prise et les soulèvent dans l'air. Les pluies chaudes et par conséquent imprégnées de calorique, qui, après leur chute, filtrent à travers les terrains qui recouvrent des dépôts d'animaux et de végétaux, excitent dans ces débris une fermentation qui en fait exhaler le gaz inflammable. Ces mêmes eaux, en pénétrant dans l'intérieur de la terre, détachent dans leur infiltration une partie du gaz des matières qu'elles imbibent ; elles les charient à l'orifice des fontaines où elles sont rendues à la végétation et à l'atmosphère.

Les eaux, et principalement les mers et les lacs, qui tiennent ensevelis sous leurs masses des animaux et des végétaux en très-grande quantité, sont imprégnés du gaz provenant de leur décomposition. Le calorique et l'air, qui ont prise sur leur surface, les en déchargent au profit de l'atmosphère. Lorsque ces eaux sont tranquilles et profondes, leurs couches inférieures qui en contiennent également n'auraient aucun moyen d'en être dégagées, si les vents, dans leurs fougues, ne venaient les mêler sans cesse, en agitant leurs masses entières et reporter une partie de celles du fond à la surface où elles sont alternativement exposées à l'action du feu et de l'air. Ainsi donc ces tempêtes effrayantes, ces scènes terribles où les éléments confondus semblent lutter entre eux à qui aura l'empire exclusivement, ne doivent pas être considérées comme des effets du caprice, ou comme des ministres des vengeances du maître de la nature, mais bien comme des résultats nécessaires de la combinaison de ces mêmes éléments.

La portion de la surface de la terre qui comprend les zones torride et tempérées, étant la plus peuplée et la plus cultivée, doit fournir le plus de gaz inflammable. La décomposition des animaux et des végétaux, après leur destruction, y est plus prompte, tandis que, vers les pôles, la nature étant presque continuellement paralysée par le froid, la décomposition y est plus lente et les exhalaisons à peu près nulles.

Sous ces zones les rayons du soleil sont plus abondants et plus perpendiculaires; ils s'introduisent plus avant et plus facilement dans la terre; les pluies qui y tombent sont plus chaudes, elles filtrent plus de calorique avec elles dans l'intérieur de la terre; elles y excitent les émanations à de plus grandes profondeurs, et forcent par là les minéraux et autres matières gazeuses enfouies à payer leur tribut. Les maladies épidémiques, les guerres destructives sont plus fréquentes dans les pays chauds et tempérés que vers les pôles. Les êtres victimes de ces fléaux fournissent, dans leur putréfaction, une grande quantité de gaz inflammable.

Les climats qui avoisinent les pôles sont, où couverts d'eau, ou stérilisés par les frimats, les neiges éternelles; l'obliquité des rayons du soleil est un obstacle à leur effica-

cité : ils doivent donc fournir peu de gaz à l'atmosphère;
aussi la partie du ciel qui répond au zénith de ces lieux ,
se ressent de leur tristesse, elle est privée de ces globes
majestueux et brillants qui animent les zones torride et
tempérées, et répandent un éclat proportionné à la quan.
tité du gaz qu'ils reçoivent.

Les corps célestes doivent donc être considérés dans la
nature comme un règne à part, un quatrième règne ou
genre que l'on pourrait appeler incandescents ou gazi-
phages.

Pour entretenir leur état, et pour procurer cette
lumière brillante , il faut de toute nécessité que la terre
leur en fournisse les moyens, car ils ne pourraient pas
plus nous éclairer sans un aliment continuel, qu'une
lampe à laquelle on ne donnerait aucune matière inflammable. Voyons donc quelles sont les ressources de la
nature pour subvenir à tant de besoins , et comment elle
peut y suffire sans s'épuiser.

Sigaud Delafond, tom. III, p. 40, dit qu'une once de
cheveux distillés à feu nu, peut fournir quarante pintes de
gaz inflammable.

On compte généralement la terre peuplée d'un milliard
d'individus de l'espèce humaine; ce calcul est faible sans
doute, car de vastes contrées de terres, peuplées
d'hommes, sont encore inconnues ou au moins inénumé-
rées; mais admettons que ce calcul soit juste.

Un homme, l'un portant l'autre, peut produire par
an au moins deux onces de cheveux; cela fait par chaque
individu, dans une année, quatre-vingts pintes, et, pour

l'espèce entière, quatre-vingts milliards, ce qui donne par jour cent dix millions, ci. 110,000,000

Par l'expiration, la transpiration, les déjections, chaque homme peut en rendre au moins six fois autant que par les cheveux, ce qui donne encore six cent soixante millions, ci. 660,000,000

On compte qu'il en meurt un par seconde, ou quatre-vingt-douze mille par jour (c'est sans doute sans compter les batailles qui en expédient au moins autant par jour, sur toute la surface de la terre). Les ongles, la graisse, les os, les cheveux, qui en sont si abondamment pourvus, doivent fournir ensemble au moins dix fois autant que la coupe annuelle des cheveux, ce calcul n'est pas exagéré ; ce qui fera un milliard cent millions, ci. 1,100,000,000

Total du gaz que l'espèce humaine seule peut fournir à l'atmosphère, par jour, un milliard huit cent soixante-dix millions, ci. 1,870,000,000

Les animaux quadrupèdes sont en général plus volumineux, plus osseux que les hommes, ils ont beaucoup plus de graisse, et sont infiniment plus nombreux. Les animaux domestiques seuls égalent peut-être l'espèce humaine en nombre, tels que les moutons, les bœufs, les chevaux, les ânes, les chèvres, les cochons, qui sont très-répandus dans les deux mondes et presque dans tous les climats; les lamas, le tapir, les vigognes en Amérique, le dromadaire et le chameau en Asie et en Afrique; joignez à cela les animaux sauvages qui fourmillent; les buffles, les bisons, les aurops, les chevreuils, les daims, les cerfs dans les pays chauds et tempérés, les chèvres, bouquetins, tapirs, les gazelles et antilopes dans les pays chauds; les rennes, les élans, les castors et autres répandus dans le nord; tous les animaux carnivores sous différentes latitudes, et en grand nombre, ceux qui peuplent les forêts et habitent les montagnes, les rochers et les plaines; enfin le chien fidèle qui semble prendre plaisir à partager le sort de l'homme partout où il se trouve.

Ces êtres doivent donc fournir une bien plus grande quantité de gaz que l'espèce humaine, parce qu'ils sont d'ailleurs de bien plus courte durée. Nous pensons qu'ils en exhalent au moins le double de l'espèce humaine, ce qui donne par jour. 3,740,000,000

Les poissons forment une des plus nombreuses espèces des êtres animés, ils en sont les plus huileux; seuls ils occupent au moins les deux tiers de la surface du globe; tous les climats, tous les pays où il y a de l'eau en fourmillent; les mers des pôles comme celles des tropiques, les mers intérieures, les lacs, les étangs, les ruisseaux, les rivières en sont abondamment pourvus. C'est dans cette espèce que se trouvent les plus volumineux de tous les êtres, tels que les baleines, les narvals, les cachalots, au premier rang; les dugons, les phoques, les morses, les lamentins qui se tiennent au milieu des glaces polaires, où ils répandent tant d'huile que la surface des mers en est couverte au point, dit Buffon, que l'on pourrait y mettre le feu. Ils peuvent donc ensemble, en y comprenant les coquillages et les crustacées, fournir à l'atmosphère au moins autant de gaz que les hommes et les animaux ensemble, ci 5,610,000,000

Les oiseaux sont très-nombreux et répandus par toute la terre, les rivages de toutes les mers fourmillent d'oiseaux pêcheurs, tels que les oies, les canards, les sarcelles, les fous, les frégates, les

mouettes, les cormorans, qui se jettent
par milliers sur les cadavres flottants des
cétacées pour en disperser les lambeaux ;
les manchots, les pinguins, les pétrels,
fréquentent les mers au large. Les plaines, les rivages, les rochers, les bois,
les bosquets et les étangs en sont peu-
plés ; ces êtres sont de très-courte durée
et doivent fournir au moins par jour huit
cent millions de pintes, ci   800,000,000

Les reptiles, quoique assez nombreux, doivent en fournir en petite
quantité, parce qu'ils ont peu de volume,
et que leurs besoins sont modérés ; les
insectes quoique très-nombreux en fournissent encore moins, parce qu'en général ils ne servent guère qu'à analyser
l'air, où ils se nourrissent de matières
peu gazeuses ; et ils ne fournissent guère
ensemble que soixante millions de pintes
par jour, ci   60,000,000

Les végétaux sont à la terre ce que
le poil et la plume sont aux animaux, ils
lui tiennent lieu de fourrure et servent à
en cacher la nudité ; aussi sont-ils généralement répandus sur toute sa surface ;
il en est très-peu qui en soient absolument dépourvus ; les lacs, les étangs,
les ruisseaux, et même d'immenses

plaines sous-marines en sont tapissés.

Ils sont intimement unis au sol de la terre, et sont par là à même d'en extraire beaucoup plus abondamment les différents genres de gaz qui servent à leur nutrition et à leur développement; leur grande variété fait qu'ils le soutirent et l'analysent en autant de manières que leurs espèces sont divisées; elles le rendent de même avec profusion, car toutes en sont pourvues; les plantes aquatiques, frappées par les rayons du soleil, en exhalent considérablement; les plantes à sucre, à gomme, celles à cidre, à vin et autres liqueurs en donnent une quantité immense et incalculable; les plantes herbeuses le dégagent dans leur desséchement; celles qui sont converties en fumiers en donnent abondamment; les bois dans la combustion en laissent échapper une grande quantité; le temps procure à l'atmosphère celui des bois et herbes qui pourrissent sur le terrain, ou que l'on emploie en travaux.

Les fleurs de toutes les plantes en produisent le plus; le moment de la fleur des plantes est l'instant de leur plus grand travail; c'est le moment où l'essence de la sève des plantes se volatilise et s'exhale avec le plus d'abondance. Ces parfums si exquis, ces odeurs si suaves, que les fleurs exhalent avec tant de profusion, et que nous respirons avec tant de plaisir, ne sont composés que de gaz inflammable, imprégné du pollen de leurs amours. Il en est parmi les plantes qui en exhalent en si grande quantité, que l'air en est parfumé au loin. Le dictame blanc ou fraxinelle le rend si pur que si pendant sa fleur on en approche une bougie allumée, toute l'atmosphère de la plante est enflammée à l'instant; les blés froments, et surtout les seigles, la vigne, les liserons, toutes les prairies artificielles et naturelles, les pommiers, les poiriers, tous les arbres à fruits, même les chênes, et autres arbres des forêts, en répandent avec profusion; les mousses des bois pendant qu'elles sont en fleur, en répandent une très-grande quantité; une partie se coagule sur la plante et y reste fixée sous le nom de soufre végétal. Si dans nos climats glacés, les plantes produisent autant de gaz inflammable, combien davantage doivent-elles en produire entre les tropiques, où leur existence est éternelle, et leur suavité 100 fois supérieure à celle de nos climats.

Oui, les végétaux et les fleurs
seuls, fournissent à l'atmosphère
au-dessus de 1,200 milliards de
pintes de gaz par jour.

Total des pintes de gaz que la
terre peut fournir par jour à l'atmosphère, 1,212 milliards, ci . . 1,212,000,000,000

Quelle destination le créateur aurait-il donnée à cette
quantité immense de gaz? s'il ne servait pas aux corps
célestes, où irait-il se rassembler? car puisqu'il est plus
fluide et plus léger que l'air ordinaire qu'il surnage
constamment, que deviendrait-il? à quoi aurait servi à la
nature de si grands travaux pour le produire? car en tout
elle a ses moyens, mais elle a aussi son but; elle ne fait
rien en vain, tout au contraire est utile à l'essence de
son existence, tout concourt sans le vouloir et par tous
les moyens au bien général; aucun être, aucune espèce
en particulier, n'a été créé pour lui-même; mais tout a
été créé dans l'intérêt commun et pour l'utilité générale.

Si la terre fournit aux corps célestes un gaz indispensable à l'entretien de leurs lumières et de leurs feux, ils la
paient de retour en éclairant et animant les êtres dont
elle est peuplée, en la fécondant, en la rendant habitable
et fertile; sans eux elle ne serait qu'une masse brute et
plongée dans les ténèbres.

En supposant que le soleil seul en consomme 15 millions
de pintes par seconde, il en reste encore davantage
pour tous les autres corps célestes, ce qui paraît bien

suffisant pour produire la lumière et les feux dont ils sont la source.

Par ce moyen tout aura un but, une destination utile, analogue à l'ordre et aux besoins généraux ; Dieu n'aura rien fait ni produit au hasard, il aura agi avec dessein et prévoyance, ce qui est conforme à son génie et à sa grandeur.

§ II.

LA LUNE.

La lune est l'agent intermédiaire entre le soleil et la terre ; elle leur est indispensable à l'un et à l'autre. Sa forme est sphérique, sa nature est homogène, de matière sèche, légère et très-poreuse ; à volume égal, elle pèse moins que l'air qui nous environne. Comme elle est opaque, c'est-à-dire qu'elle n'est point lumineuse par elle-même, elle ne nous est bien visible que lorsque le soleil éclaire la portion de son disque qui est vers nous.

Ses fonctions consistent à absorber, dans la couche d'air où elle circule, toutes celles des vapeurs terrestres qui se sont élevées jusqu'à elle. Les rayons du soleil, auxquels elle est continuellement exposée, font distiller ces vapeurs, et les analysent comme le feu fait du vin que l'on met dans un alambic.

Le feu qui est sous la chaudière d'un alambic pénètre dans le vaisseau à travers la matière qui le compose ; il s'introduit dans le vin, que sa présence rend plus volumineux par l'expansion qu'il lui occasionne ; le feu, cherchant bientôt à se faire jour au travers de la liqueur, s'élève dans la coiffe, et entraîne avec lui les parties du vin les plus volatiles auxquelles il s'est incorporé ; le chapiteau de la chaudière opposant une résistance à sa sortie, il se précipite dans le serpentin qui lui présente une issue, et si l'on n'avait soin de le faire passer dans une tonne d'eau froide, l'eau-de-vie, incorporée au feu, s'échapperait en fumée. Il n'y a que la fraîcheur de l'eau qui, absorbant une partie du feu, fait condenser la fumée qui descend en liqueur. De même les rayons du soleil, pénétrant dans le disque de la lune, occasionnent, aux vapeurs qu'elle contient, une expansion qui les force à s'en échapper, par les petites issues que sa porosité leur présente. Les parties les plus grossières qui n'ont pu s'en échapper, forment un résidu qui est renvoyé vers la terre. Alors le gaz inflammable, se trouvant dégagé des matières ou airs hétérogènes avec lesquels il s'était combiné en traversant notre atmosphère, continue à s'élever au-dessus de la lune, vers le but de sa destination.

Ces idées sur les fonctions de la lune, qui pourront paraître extraordinaires, ont été émises avant nous, par Milton, *Paradis perdu*, chant V, a dit :

> Adam, tout ce qui naît, qui vit dans la nature,
> A besoin de soutien et de la nourriture.
> L'élément le plus lourd nourrit le plus léger.
> C'est la terre en tout temps qui sustente la mer.
> En joignant ses vapeurs à celles de la terre,
> La mer soutient encor la céleste atmosphère :
> *L'air, à son tour, nourrit les flambeaux éthérés,*
> Et la lune, qui luit dans les plus bas degrés,
> Dont le disque taché veut de son diamètre
> *Exclure des vapeurs qu'elle n'y peut admettre.*
> Pour donner encor plus de force et de vigueur
> Aux astres lumineux d'un rang supérieur.

A volume égal, la lune est plus légère que l'air qui nous environne, raison pour laquelle elle se soutient dans une couche d'air supérieure qui est plus légère que celui des couches inférieures ; elle est précisément dans le cas d'un ballon ; c'en est réellement un, exécuté suivant tous les principes de l'art, mais avec une perfection et un but d'utilité qui ne sont pas du ressort des hommes.

Sigaud Delafond, *Éléments de Physique*, tome II, pages 292 et suivantes, nous dit que c'est au moyen de gaz inflammable, ou au moyen d'air atmosphérique dilaté par le feu, que l'on est parvenu à élever des ballons en l'air ; que le ballon s'élève jusqu'à ce qu'il soit parvenu à une couche ou région d'air avec laquelle il puisse se trouver en équilibre ; parce qu'un corps quelconque, plongé dans un liquide, ne le surnage qu'autant qu'il est plus léger à volume égal, et qu'il s'y enfonce lorsqu'il est spécifiquement plus pesant.

La même opinion est contenue dans l'*Encyclopédie portative, physique des corps pondérables*, art. 5. Des expériences journalières prouvent cette vérité d'une manière incontestable.

Un ballon se soutient et s'élève dans l'air : 1° parce que son enveloppe est un tissu imperméable au fluide atmosphérique, et que son intérieur est rempli de gaz inflammable qui par son expansibilité est treize fois et demi plus léger que l'air ordinaire ; alors le ballon fait dans l'air le même effet qu'un morceau de liége dans l'eau ; le liége cherche toujours à s'élever à la surface de l'eau, parce qu'il ne pèse que 17 livres le pied cube, tandis que l'eau en pèse 70 à 72. Le liége arrivé à la surface de l'eau ne peut plus s'élever parce qu'il est spécifiquement plus pesant que l'air. De même le ballon ne s'élève que jusqu'à ce qu'il soit arrivé à une couche ou région d'air qui fasse équilibre avec lui ; alors il cesse de s'élever et s'éloigne en glissant sur l'air, comme un morceau de liége sur l'eau.

2° Parce qu'en faisant un ballon dont l'enveloppe soit assez solide pour résister au feu, et en l'emplissant de matières inflammables que l'on puisse entretenir lentement en combustion, le feu, par son expansibilité cent fois plus grande que celle du gaz inflammable, chasse l'air ordinaire, le ballon devient plus léger que s'il était plein d'air inflammable, et s'élève encore plus haut.

C'est encore par la même raison qu'un vaisseau plein d'huile, d'eau-de-vie, de vin ou d'essences, surnagerait dans l'eau, parce que ces matières sont spécifiquement plus légères ; tandis qu'un vaisseau pareil, plein d'eau de mer, de lait, de vinaigre ou de bière, ne surnagerait pas ; parce que ces liquides sont spécifiquement plus ou au moins aussi pesants que l'eau.

Les corps célestes sont donc de véritables ballons qui sont suspendus au-dessus de la terre, par la légèreté spécifique du gaz qu'ils contiennent.

Il est reconnu qu'un pied cube d'air inflammable ne pèse que 64 grains, tandis qu'un pied cube d'air ordinaire pèse 11 gros ou 792 grains ; de manière que l'air atmosphérique qui nous environne pèse environ treize fois autant qu'un pareil volume d'air inflammable.

Ainsi donc la lune, qui analyse le fluide atmosphérique, éprouve un allégissement de poids proportionné à la quantité et à l'expansibilité du gaz qu'elle renferme : en lui supposant une demi-lieue de diamètre, si elle était remplie de gaz inflammable, elle ne pèserait qu'un milliard quarante-huit millions, qui font à peu près la moitié du cube de son diamètre, tandis qu'un cube égal d'air atmosphérique pèserait treize milliards et demi : elle aurait donc, par l'expansibilité du fluide qu'elle contient, acquis sur l'air atmosphérique un allégissement de poids de douze milliards et demi ; admettons que la matière qui compose son disque soit du poids de douze milliards, elle gagnera encore cinq cent millions, quantité bien suffisante sans doute pour la faire surnager.

On remarque encore sur le disque de la lune une légère lueur ou lumière phosphorescente; cette lumière, produite par la rapidité du cours de la lune sur l'électricité ou gaz inflammable qui l'environne, sert encore à augmenter sa légèreté spécifique, en dilatant davantage l'air qu'elle contient.

La lune se trouve alors dans le cas d'un vaisseau qui sillonne la surface des mers; si le vaisseau était entièrement plein de matières égales au poids de l'eau, il ne surnagerait pas un instant; mais comme toute sa capacité, ou si l'on veut son intérieur, est entièrement rempli d'air atmosphérique; que cet air est 837 fois plus léger que l'eau, puisqu'un pied cube d'air ne pèse que

11 grains, et qu'un pied cube d'eau de mer en pèse 2,916, ou 72 livres ; il en résulte au profit du vaisseau un allégissement de poids considérable. L'extrême fluidité de l'eau permet au vaisseau de se mouvoir librement, lorsqu'un courant d'air vient le mettre en action ; et l'air, au milieu duquel la partie supérieure du vaisseau est obligée de s'ouvrir un passage, n'offre pas assez de résistance pour l'arrêter.

De même l'air dans lequel la partie inférieure de la lune est plongée est suffisant pour en soutenir le poids ; elle ne peut donc pas plus descendre que le vaisseau peut enfoncer ; et elle ne peut pas plus s'élever dans l'air supérieur qu'elle a raréfié, que le vaisseau peut s'élever dans la couche d'air qui touche la superficie de la mer.

Sigaud Delafond, pages 508 et 509, tom. IV, dit, en parlant de l'attraction électrique :

« Ces attractions et répulsions alternatives firent naî-
» tre dans l'esprit de M. Gray l'idée d'un planétaire
» électrique, en procurant à certains corps légers un
» mouvement assez analogue à celui des corps célestes,
» en leur communiquant un mouvement autour d'un cen-
» tre étranger, et un mouvement particulier sur un axe,
» en les disposant de la manière suivante :

» Suspendez à l'un des grands conducteurs un an-
» neau fait d'un gros fil de laiton, et d'un pied envi-
» ron de diamètre ; établissez au-dessus de cet anneau
» un plateau circulaire de métal, posé sur un guéridon,
» et de façon que vous puissiez l'approcher de douze

» ou quinze lignes de l'anneau, en général autant qu'il
» sera nécessaire pour que la boule de verre dont nous
» allons parler ne puisse passer entre la platine et l'an-
» neau ; la grosseur de cette boule décide de la distance.

» Posez sur la platine une boule de verre soufflé, que
» cette boule soit mince, et que l'endroit de sa soudure
» n'excède pas beaucoup sa surface ; cette boule tou-
» chant l'anneau dans un des points de sa circonférence,
» électrisez l'appareil. Dès que cet anneau sera élec-
» trisé, vous verrez la boule circuler avec une rapi-
» dité plus ou moins grande autour de l'anneau, et
» tourner continuellement sur son axe. Si l'expérience
» se fait dans l'obscurité, la boule paraîtra lumineuse
» dans tous ses points où elle touchera successive-
» ment l'anneau. »

Ici, l'atmosphère terrestre est à la lune ce que l'anneau est à la boule de verre ; l'air arrivé à la sphère de la
lune est une électricité analysée, elle dirige seule la
lune, sans effort et sans gêne ; la lumière phosphorescente que l'on remarque sur la portion du disque de la
lune non éclairée, est de même nature que celle que
l'on remarque sur la boule de verre.

La lune est donc réellement forcée de circuler à l'entour de la terre pour analyser le gaz inflammable qui
s'élève jusqu'à elle ; si le gaz inflammable sur lequel elle
glisse était suffisamment analysé et homogène, elle s'enflammerait ; son défaut d'homogénéité s'y oppose, ainsi
que la porosité du globe de la lune.

Telles sont les causes du mouvement des corps célestes

et de leur ascension; que l'on juge maintenant du volume et du poids qu'ils doivent avoir pour être mus et soutenus comme ils le sont. Ces lois de l'attraction et de la gravitation dont on a tant fait d'étalage ne sont donc que de pures chimères , des rêveries qui attestent l'impuissance de leurs auteurs. Des génies étroits et bornés, ne pouvant s'élever à la hauteur nécessaire pour saisir l'ensemble de l'univers d'un seul coup d'œil , et juger des rapports que ses différentes parties ont entre elles , se sont contentés, en rampant sur la poussière, de prêter à l'auteur suprême des vues et des moyens aussi faibles et aussi bizarres que leur propre imagination.

Mais Dieu est si grand et si sublime qu'il a voulu que tout ce qui tient à l'ensemble de ses œuvres fût digne de lui, et marchât avec aisance, avec grâce, sans contrainte et sans gêne. Il a voulu que les différentes parties de cet ensemble concourussent au même but, se prêtassent un mutuel appui, mais sans aucune marque particulière de sujétion.

Ceux des physiciens et astronomes qui ont cru remarquer sur le disque de la lune une lumière phosphorescente, avaient raison ; car il serait bien étonnant que dans l'immense quantité de fluide analysé par ce globe , il ne s'en trouvât pas quelque faible portion que son défaut de volatilité fît attacher sur la lune qui, par l'extrême rapidité de son mouvement, l'enflammerait. Les auteurs de l'*Encyclopédie*, que nous citerons plus bas, reconnaissent eux-mêmes cette lumière, qu'ils désignent sous le nom de *lumière cendrée*. Ils reconnaissent également que la lune n'a point de liquides à sa surface, et que son atmosphère est extrêmement rare. Il est bien présumable que la portion de notre atmosphère qui s'est raréfiée dans son ascension, et que le travail de la lune raréfie encore, soit en sortant de la lune tellement raréfiée, qu'elle ne réfléchit pas assez la lumière pour être visible à nos yeux.

Les taches que l'on remarque sur ce globe ne sont que des excavations qui servent d'issue et d'entrée au fluide ; les montagnes que l'on a cru y reconnaître ne sont que des inégalités produites par la porosité de ce corps. Celle des taches que les astronomes ont désignée sous le nom d'*Aristarque*, leur a paru si profonde, qu'ils croient que la lune est percée d'outre en outre. Ce qui rend la chose d'autant plus probable, c'est que cette tache est toujours placée sur la partie antérieure du disque de la lune, comme un orifice destiné à engloutir le fluide au moment du contact ; c'est peut-être par cette raison aussi que la lune n'a pas de mouvement de rotation sur son axe ; de manière que cette tache ou ouverture est toujours dans la même position.

Voici comment les auteurs de l'*Encyclopédie portative* s'en expliquent, *Astronomie*, page 172 :

« La lune, observée au télescope, perd totalement
» l'espèce de figure grossière qu'elle montre à l'œil nu.
» Nous avons déjà dit qu'il est probable qu'elle ne ren-
» ferme pas de liquides ; ainsi les taches ne sont pas des
» mers, comme on le croit généralement, mais des
» vallées et des enfoncements. Quelques-uns sont très-

» profonds, et la tache désignée sous le nom d'*Aristarque*
» a même donné à penser à quelques astronomes que la
» lune était percée en cet endroit. D'autres taches sem-
» blent des volcans, et plusieurs savants leur attribuent
» la chute des aérolithes sur notre terre : récemment
» encore, des taches ont présenté des apparences qu'il
» est difficile d'attribuer à d'autres causes qu'à des érup-
» tions volcaniques. »

Cassini, dans son *Traité d'astronomie*, dit à peu près
la même chose, et Khiel a dit que les taches apparentes
de la lune sont produites par les inégalités et les porosités de ce corps.

Ces prétendues apparences volcaniques ne sont autre
chose que les parcelles les plus grossières du gaz qui
s'enflamme sur le disque de la lune, comme nous l'a-
vons déjà dit, et qui produisent cette lumière phosphorescente généralement reconnue.

Comme il faut une immense quantité de fluide pour
entretenir la continuité des feux du soleil, il est nécessaire que la lune en analyse en conséquence. Quelque
légère qu'elle soit, elle ne pourrait conserver son immobilité dans la sphère qu'elle occupe ni recueillir assez de gaz sans se déplacer : elle est donc forcée à un
déplacement continuel; mais comme ce fluide, a sur
la lune un pouvoir attractif, il la dirige sans effort et
sans gêne : elle ne peut éprouver de résistance de sa
part, quoiqu'elle le sillonne avec une extrême vitesse,
puisqu'elle l'engloutit à fur et mesure qu'elle l'atteint,
et qu'elle s'en dégage avec la même célérité.

Si sur son passage elle rencontrait toujours la même quantité de gaz, elle ne se déplacerait point dans l'écliptique, son lever et son coucher auraient toujours lieu dans les mêmes points du ciel; mais comme l'affluence du fluide n'égale pas ses besoins, elle est attirée le lendemain par la partie antérieure du banc du fluide qui n'a encore subi aucun dégagement, et successivement de là son mouvement spiralique autour de la terre qu'elle continue à envelopper de ses contours, jusqu'à ce qu'elle soit arrivée à l'un des pôles, et dès qu'elle y est parvenue, elle continue à tourner dans le même sens : mais en se repliant sur elle-même, et croisant obliquement sa première route, parce que la terre étant le seul corps qui produit du gaz, la lune ne trouverait plus rien au-delà de ses pôles pour l'attirer : elle est donc forcée de s'abandonner à la partie de l'espace qui l'attire le plus. Son déplacement dans l'écliptique doit même être plus sensible à l'équateur que vers les pôles, parce qu'elle ne va qu'une fois par mois vers les pôles, où elle doit par conséquent rencontrer un fluide plus abondant que dans l'équateur, où elle passe deux fois par mois.

Ce n'est point, comme le pensent les physiciens, par son propre poids que la lune pèse sur notre atmosphère, mais bien par le plus ou le moins d'action qu'elle exerce dessus.

Il n'est pas possible à un globe qui n'a pas une demi-lieue de diamètre, de fouler l'atmosphère terrestre; d'ailleurs la lune plongerait plutôt dedans qu'elle ne la presserait, elle ferait de même qu'un vaisseau tant large qu'on pourrait l'imaginer, qui ne pourrait fouler la surface des mers, et déplacerait seulement une petite quantité d'eau qui refluerait vers ses bords. Mais la lune agitant l'atmosphère par la distillation qu'elle en fait, peut, en diminuant la faculté expansive des couches supérieures, les rendre plus massives.

La pression lunaire est donc une opinion erronnée, puisque c'est aux nouvelles lunes, dans l'hiver, et aux pleines lunes en été, que la pression est la plus forte, et alors la lune se trouve dans une hémisphère opposée à la nôtre. Si c'était elle qui occasionnât cette pression, elle la ferait surtout sentir dans l'émisphère où elle est, et c'est précisément le contraire de ce qui arrive : au surplus nous en parlerons à l'article *aimant*, ci-après, où nous renvoyons les lecteurs.

L'opinion générale est que la lune a une grande influence sur notre atmosphère ; c'est une vérité fondée sur une longue expérience : car c'est réellement la lune qui la gouverne, en distillant comme elle fait continuellement le fluide que la chaleur du soleil fait exhaler de la surface de la terre : elle ne laisse passer au-dessus d'elle que la portion la plus pure de ce fluide qui continue de s'élever pour servir d'aliments aux feux du soleil et des étoiles fixes qui, sans cela, ne produiraient pas de lumière. La portion de ce gaz la moins convenable à cette destination est renvoyée vers la terre où elle sert d'aliment aux comètes et aux feux de la foudre.

C'est donc à la lune que nous sommes redevables de

l'éclat de la lumière que nous procurent ces millions de globes majestueux et brillants qui sillonnent la voûte céleste, et de la conservation dans de justes limites de notre atmosphère dont elle circonscrit les écarts. Elle contribue donc puissamment au maintien de l'équilibre, puisque sans cesse elle nous renvoie une portion de notre atmosphère dont la perte pourrait nuire à l'harmonie générale. Elle est donc essentiellement utile à la terre, puisqu'elle fait refluer sur elle les vapeurs utiles à la végétation; elle ne l'est pas moins aux corps célestes dont elle prépare les aliments conservatoires.

A cause de son poids immense, la terre ne pourrait guère se déranger que dans un sens vertical, c'est-à-dire s'abaisser vers un point d'appui capable de lui procurer une assiette tranquille. Dieu n'a donc limité son atmosphère que dans ce sens : voilà pourquoi celle qui s'élève des pôles jouit d'une grande liberté ; il est vrai pourtant que le froid continuel et excessif qui, dans ces tristes climats, tient tout dans l'engourdissement, empêche l'évaporation qui y est à peu près nulle : le peu qui s'y élève est bientôt condensé par le froid. La lune ne peut l'analyser, puisqu'il s'élève dans un plan perpendiculaire à celui des cercles qu'elle décrit. Il eût d'ailleurs été difficile d'y établir, comme à l'équateur, des globes qui s'en seraient emparés, sans les faire marcher dans un sens transversal au cours du soleil et de la lune, et alors ces globes se seraient réciproquement nui en se croisant au sommet de la terre qui n'aurait pu suffire à tant de besoins.

L'atmosphère seule empêche que la terre ne puisse
s'abaisser, ni se porter vers l'un de ses côtés ; les pôles
eux-mêmes ne peuvent vaciller, à cause de l'aimant qui
les assujettit dans la même direction.

§ III.

LE SOLEIL.

Source universelle de chaleur, de lumière et de feu, le soleil est le principal agent physique de la nature que lui seul anime, c'est par excellence le chef-d'œuvre de la création ; c'est avec raison que tous les anciens philosophes l'ont regardé comme le grand ressort et l'âme de la nature ; que Buffon a dit : le lagopède évite le soleil avec soin, tandis que tous les êtres animés le désirent, le cherchent, le saluent comme le père de la nature.

Yung, dans ses *Méditations* : je vois dans le soleil mille propriétés admirables ; c'est l'emblème le plus vrai du créateur. S'il disparaît, la nature devient triste et mélancolique. Cicéron, de la *Nature des Dieux,* voit ce flambeau sublime que nous invoquons tous, et nommons Jupiter.

Pline le Jeune a dit : s'il existe un dieu dans la nature, ce ne peut être que le soleil.

La Mennais, *Paroles d'un Croyant :* ce soleil si brillant, si beau, n'est lui-même que *le vêtement, l'emblème obscur* du vrai soleil qui éclaire et anime les âmes ; et mille autres auteurs distingués que nous pourrions citer.

Tous les peuples anciens, sans exception, ont rendu des hommages au soleil ; les plus beaux monuments des Grecs, des Egyptiens, des Mèdes, des Perses, des Arabes, des Syriens, sans en excepter la tour de Babel, étaient des monuments élevés au soleil, non pas que ces peuples regardassent le soleil comme Dieu lui-même, mais comme son trône, et par conséquent le lieu de sa résidence. C'était la base de leur théologie.

Sans nous arrêter à discuter sur la vraisemblance de cette opinion, et sur l'influence salutaire qu'elle pouvait avoir sur la moralité de ces peuples, nous allons considérer le soleil sous son rapport physique, sur l'influence qu'il exerce dans la nature, et sur son mouvement à l'entour de la terre.

Le soleil est un globe, par conséquent de forme ronde ; la matière qui compose son disque doit être vitreuse, parce que de toutes les matières ce sont celles qui résistent le mieux à la violence et à la durée des feux les plus actifs.

Ses fonctions consistent à enflammer le gaz inflammable vaporisé par la terre, et qui s'étend jusqu'à lui ; ce gaz inflammable, après avoir été analysé par la lune, se trouve parfaitement homogène : raison pour laquelle la lumière produite dans sa déflagration est pure, et exempte de polarisation, c'est-à-dire sans couleurs.

La sphère du soleil, c'est-à-dire la couche d'air sur laquelle il glisse continuellement, est très-près de celle sur laquelle glisse la lune ; ces deux corps, dont les fonctions sont essentielles l'une à l'autre, ne sont éloignés que d'une très-petite distance qui peut ne pas excéder cinq lieues, distance à peu près égale à leurs diamètres respectifs.

Nous avons dit plus haut que tous les corps appartenant aux trois règnes de la nature , produisaient du gaz inflammable; que ce gaz inflammable, comme plus léger et plus expansible que l'air ordinaire, cherchait constamment à le surnager; que ce même air arrivé dans les hautes régions , était dans un tel état d'expansion qu'il ne donnait prise ni aux rayons caloriques qui le traversaient facilement , ni à la congélation , parce qu'elle ne peut agglomérer que les liquides.

Lorsque ce gaz est arrivé à la sphère de la lune, celle-ci s'en empare, le distille , renvoie vers la terre la partie la moins pure , et transmet l'essence au soleil.

On voit donc que si le soleil nous éclaire ce n'est point aux dépens de sa propre substance , il n'est en cela que l'agent, l'ouvrier de la nature; Dieu a voulu que tous les êtres auxquels profitent la brillante lumière et le feu actif du soleil, concourussent à lui en fournir la matière; c'est donc un tribut imposé à un état dans l'intérêt de sa propre conservation , un tribut involontaire à la vérité , mais indispensable de la part de chaque être en particulier, une condition de son existence, et une conséquence naturelle et inévitable de la destruction qui s'opère successivement dans le déroulement des générations et des siècles !

Le soleil dans son cours frappe la partie du fluide sur laquelle il glisse , avec tant de force , qu'il la brise et la met en état d'incandescence , ce qui la fait paraître lumineuse; mais, pour arriver à cet état lumineux, il faut qu'un fluide soit porté au dernier degré de division et de dilatation possible. Ainsi la lumière est donc le dernier degré de division d'un fluide, et le moment où il change de nature ; dès qu'il a subi la déflagration, c'est un calorique et non un gaz inflammable ; le gaz inflammable peut être contenu et comprimé, mais le calorique est incompressible, et ne peut être contenu ; il est tellement fluide et volatil que la texture d'aucun corps ne peut le contenir prisonnier.

Nous désignerons donc, sous le nom de gaz inflammable, le fluide qui est destiné à alimenter les feux du soleil, et que les physiciens modernes désignent sous le nom d'hydrogène ; et sous le nom de calorique, nous désignerons le fluide qui émane du soleil après avoir subi la déflagration.

L'analyse que le gaz a subi dans le disque de la lune l'a mis dans un état d'homogénéité absolue ; c'est pourquoi lorsqu'il est frappé par le disque du soleil, il ne brûle que successivement et lentement, comme ferait de l'esprit de vin ou de l'huile distillée ; autrement s'il y était resté un mélange d'air commun, l'embrâsement de la nappe entière serait instantané et général, comme il arrive aux feux de la foudre qui produisent les éclairs, lesquels ne doivent leur irascibilité qu'à leur combinaison avec l'air atmosphérique.

Sigaud Delafond, dans son *Traité de Physique*, t. III, page 46, dit que : « La combustion de l'air inflammable » est d'autant plus prompte, et la chaleur qu'elle pro- » duit est d'autant plus vive, que la quantité d'air respirable » qui l'environne approche davantage de celle qui est » nécessaire pour son entière déflagration, et l'on con-

» çoit que cette quantité doit varier relativement à la
» pureté de ces deux fluides.

» Lorsqu'il n'a qu'un léger contact avec l'air atmos-
» phérique, il s'enflamme sans produire d'explosion
» sensible et ne brûle que lentement ; c'est ainsi qu'on le
» voit brûler dans une bouteille qui est entièrement rem-
» plie, et à l'orifice de laquelle on présente la lumière ;
» mais il faut pour cela que le goulot de la bouteille soit
» très-étroit, autrement l'air commun qui y pénètre,
» à cause de sa trop grande pesanteur, se mêlerait en
» un moment avec l'air inflammable, et celui-ci, au lieu
» de brûler, couche par couche, lentement et sans
» bruit, s'enflammerait et brûlerait instantanément, en
» produisant une explosion moins vive cependant que
» celle qui résulterait de l'inflammation du même fluide,
» s'il avait été préalablement mêlé d'une quantité d'air
» suffisante pour son entière combustion. »

Les auteurs de l'*Encyclopédie portative*, tome de la
Physique des corps pondérables, page 50, disent : « Que
» le calorique doit être considéré comme une modifica-
» tion du fluide lumineux ; » c'est comme s'ils disaient
que de l'incandescence du gaz inflammable résulte la
chaleur.

Les mêmes, *Physique des corps impondérables*, page 211 :
« M. Arago a démontré que la lumière du soleil, exempte
» de toute polarisation, est assimilée à celle des gaz
» incandescents, et non à la lumière des solides ou des
» liquides échauffés, parce que leur lumière est mêlée
» de rayons polarisés. »

Les mêmes, partie *astronomique*, page 107 : « Depuis
» que l'on a découvert que des courants électriques
» entretiennent plusieurs corps incandescents, sans com-
» bustion ni diminution de volume, depuis que l'on com-
» mence à considérer plus généralement la lumière et la
» chaleur comme le résultat des mouvements d'un fluide
» universellement répandu, etc., pourquoi un immense
» courant électrique n'entretiendrait-il point le soleil et
» et les étoiles dans les conditions nécessaires pour être
» visibles à des distances énormes, et la cessation de ce
» courant ne serait-elle point la cause de la disparition
» complète de certaines étoiles après un éclat extraordi-
» naire ? »

Page 110, *idem* : « Enfin, lorsque l'on attribue l'incan-
» descence du soleil à des courants électriques, ne
» peut-on pas supposer que ces courants suspendent
» quelquefois leur action, et laissent ainsi dans l'obscu-
» rité les portions du soleil où ils cessent d'agir. »

Le feu du soleil est le plus actif et le plus subtil de tous
les feux, parce que la matière qui lui donne naissance est
la plus pure et la plus déliée de toutes celles qui puissent
être soumises à l'action du feu. Comment ce feu ne péné-
trerait-il pas à travers les corps les plus compactes,
puisque l'air qui en a formé la substance est d'une ténuité
invisible et impalpable que sa combustion a encore beaucoup diminué ; car il est évident que l'on ne peut faire de
feu sans une matière quelconque, qui soit mise en combustion ; la chaleur invisible qui s'étend à l'entour du point
où siége le foyer, n'est elle-même que de très-petites

parcelles de la matière enflammée que l'énergie du feu
dissémine dans l'espace. La fumée n'est assez souvent
qu'un calorique composé des particules les plus grossières, qui, après avoir subi l'incandescence, se trouvent
trop matérielles pour vibrer au travers de l'air environnant, et que le courant d'air qui circule dans les tuyaux
destinés à son écoulement entraîne avec lui.

La chaleur qui pénètre au travers des tuyaux d'un
poêle est donc composée des particules les plus déliées
que l'activité du feu chasse après avoir dévoré ce qui
pouvait lui servir d'aliments; la fumée qui s'engouffre
dans le tuyau est aussi un calorique trop peu délié pour
passer dans les pores du tuyau. Enfin, pour parler plus
exactement, le calorique est en petit ce que le charbon
est en grand: c'est le résidu du corps enflammé qui n'a
pu se dissoudre entièrement.

Qu'est-ce donc que le feu dont la nature, aux yeux
des physiciens, est un mystère, un être incompréhensible?
est-ce un corps particulier, existant par lui-même, ou
seulement la matière en état de modification? (*Note* (1)
à la fin de cet article).

La lumière, la chaleur et le feu ne sont point synonymes; la lumière est l'état accidentel de la plus grande
expansibilité possible d'un gaz, et son passage d'un état
à l'autre, c'est-à-dire d'un changement de nature; pour
qu'un fluide puisse devenir lumineux, il faut qu'il appar-
tienne à la classe des huiles essentielles, et qu'il ait
passé dans le règne animal ou végétal; en vain on broie-
rait de la pierre, du verre, ou de toute autre matière ne

contenant pas du gaz inflammable, au point de les rendre fluides, ce fluide ne pourrait devenir lumineux et encore moins produire du calorique.

Ainsi pour qu'un gaz inflammable puisse devenir lumineux, il faut 1º qu'il soit distillé, et par conséquent dégagé des matières hétérogènes non inflammables avec lesquelles il se trouve combiné; 2º qu'il se trouve dans une position à pouvoir s'abandonner à toute son expansibilité, de manière à ce que rien ne puisse gêner son ressort; 3º enfin, il faut comme dernière et essentielle condition, que dans sa dilatation, ses propres molécules se trouvent heurtées ou frappées assez fortement pour être divisées, brisées et dissoutes, car ce n'est que dans cet état de dissolution que ces mêmes molécules arrivent à un état lumineux ou brillant. La lumière est donc l'état accidentel de la plus grande expansibilité d'un gaz inflammable, et son passage de l'état de gaz à un autre fluide.

La lumière n'est donc pas un corps particulier, un corps distinct et séparé de la matière ordinaire, mais seulement en genre de matière, en état de modification.

Un gaz dans un grand état de dilatation doit paraître limpide et diaphane mais non pas brillant. Si les lucioles ou vers luisants et les phosphores font exception à cette règle, c'est parce que le phosphore contient du gaz inflammable mêlé d'acides; ce gaz inflammable est très-dilaté, et la matière saline avec laquelle il est combiné le maintient en état de rayonnement et d'irritation, ce qui le fait paraître lumineux; c'est une déflagration lente et imperceptible qui le conduit à la décomposition, parce qu'il y a émission continuelle des molécules de phosphore, aux dépens de la masse principale.

De même les lucioles ou vers luisants sont des êtres dont le fanal contient de la matière phosphorescente.

Cette matière, lorsque l'être à acquis son développement et qu'il y a chez lui surabondance de molécules organiques, le besoin de leur émission se fait sentir ; c'est la saison des amours. On sait que dans cette saison tous les êtres sont en état continuel d'agitation et d'irritation, ce qui produit surabondance de chaleur ; alors cette matière phosphorescente est fortement dilatée ; elle paraît lumineuse parce qu'elle est en état de déflagration lente et imperceptible ; lorsque cet état lumineux a cessé chez ces petits êtres, ils doivent se trouver épuisés par un aussi grand travail, et même nous pensons qu'ils doivent en périr, parce que leur propre substance s'est altérée ou a changé de nature.

LE FEU CALORIQUE PROPREMENT DIT.

Le calorique est toujours le résultat d'un gaz qui a subi la déflagration, ou si l'on veut l'incandescence ; au moment où les molécules d'un gaz subissent l'action du feu, elles se déchirent, se dissolvent, elles cessent de faire corps, elles ne peuvent plus être réunies, la matière huileuse qui leur servait de ciment ou d'agrégat a disparu ; que l'on se figure un morceau de fer dépouillé de son flogistique, et réduit à l'état de chaux ou cendre ; ou bien un morceau de bois qui a passé par le feu, a été dépouillé de son flogistique ou gaz inflammable et réduit à l'état de cendre. Ces cendres ne sont plus susceptibles d'être réunies en corps, parce que le fluide qui leur servait de ciment ou d'agrégat a disparu, et que la matière primitive a changé de nature.

De même une bougie que l'on allume, le feu de la mèche volatilise la matière de la bougie, la met en état d'irritation, et la change de nature en passant à l'état lumineux.

Ainsi toute matière contenant du gaz inflammable qui est soumise à l'action du feu, éprouve une dissolution complète, un changement de nature; elle cessera désormais d'exister sous la même forme; toutes les molécules gazeuses, au moment de leur dissolution, s'écartent du centre de l'action; elles vibrent à travers l'air environnant avec plus ou moins de vitesse et de force; et comme leur ténuité primitive a été centuplée dans l'acte de dissolution, elles se trouvent alors de véritables atomes imperceptibles et impondérables; elles traversent facilement la texture de tous les corps qu'elles rencontrent, et ne peuvent s'y fixer qu'autant qu'elles sont incorporées à d'autres fluides qui les rendent assez volumineuses pour ne pouvoir plus trouver d'issue par des porosités étroites; ces atomes composent réellement le calorique.

Le calorique est donc composé des débris des molécules d'un gaz qui a subi la décomposition ou la déflagration.

Le feu est donc un corps, mais un corps d'une ténuité

extrême ; si les gaz sont susceptibles d'une grande dilatation, le feu en a besoin d'une bien plus grande encore, puisque les molécules du gaz, pour arriver à l'état lumineux ou de feu, sont divisées au centuple ; il ne faut plus être surpris de l'extrême énergie du feu, et de la violence avec laquelle il brise l'enceinte de sa prison. Lorsque l'on est parvenu à rassembler et à comprimer dans une enceinte étroite une grande quantité de molécules gazeuses, si on les enflamme, leur dilatation se trouve tout à coup doublée un million de fois, et si l'enceinte où elles se trouvent est insuffisante, et qu'elles ne trouvent pas d'issue, il faut de toute nécessité qu'elles brisent tout ce qui tend à comprimer leur ressort. Tel est l'effet de la poudre à canon.

Parce que le gaz qui a subi la déflagration ne peut plus être ramené à l'état de corps, qu'il ne peut exister que comme fluide, et qu'il veut sa liberté, il vibre avec force du centre vers la circonférence, et se répand tout à l'entour du centre d'incandescence.

Pourquoi le feu distend-il les métaux ? c'est parce qu'il pénètre assez facilement dans leur intérieur, et que lorsqu'il y est parvenu il se combine avec les fluides qu'ils contiennent, ne peut plus sortir aussi facilement, et que son accumulation augmentant son énergie, il force les molécules métalliques à s'écarter pour lui faire place ; de là leur distension.

Pourquoi décompose-t-il les métaux et la majeure partie des minéraux, tandis qu'il en resserre d'autres ? Toutes les fois que des minéraux et des végétaux contiennent du gaz inflammable dans le fluide qui leur sert de ciment ou d'agrégat, le feu s'empare d'un gaz inflammable, l'amène à l'état de déflagration, et sa décomposition entraîne celle du corps auquel il était uni ; tandis que les argiles qui se resserrent au feu n'ont point de gaz inflammable pour ciment, mais un fluide non inflammable sur lequel l'action du feu est impuissante ; et conservant leur véritable flogistique, le feu ne peut les décomposer et désunir leurs molécules.

Le feu est-il chaud ?

Le feu par lui-même n'est pas plus chaud que la glace; ainsi la qualité de chaud que l'on attribue au feu est un mot vide de sens ; le feu proprement dit est un fluide qui vibre avec beaucoup de rapidité, et lorsqu'il frappe un corps quelconque il le pénètre; si ce corps est du règne animal, après avoir traversé la texture de la peau, il attaque les fibres, les irrite; ce mouvement d'irritation les met en action, de là la sensation qu'il fait éprouver; de plus il distend tous les fluides contenus dans ces mêmes êtres, il les force à circuler dans l'intérieur du corps, à se volatiliser et à sortir par les pores de la peau ; de là la transpiration.

Ainsi lorsque la quantité de fluide calorique qui nous pénètre est modérée, les fibres sont agacés doucement, les fluides ne sont point gonflés outre mesure, ils circulent librement, et nous éprouvons une sensation agréable; voilà la chaleur.

Mais lorsque ce calorique est trop abondamment accumulé sur un corps animé ou seulement sur une partie, il agite les fibres avec violence, volatilise trop promptement les fluides contenus entre la peau et la chair ; la peau et les fibres dépouillés trop promptement des fluides nécessaires à leur élasticité , se dessèchent , se resserrent nécessairement; de là une sensation très-pénible que nous appelons brûlure , parce que dans leur prompt resserrement, les fibres qui sont tous enlacés se déchirent et causent la douleur.

L'eau passe de l'état liquide à l'état de glace , lorsqu'elle est dépourvue de calorique; ces molécules n'ayant plus de puissance qui les force entre elles à un déplacement continuel, s'abandonnent totalement au repos, se resserrent l'une contre l'autre , et leur cohésion est le résultat de leur inertie absolue. Voilà la glace symbole de la mort.

Le feu en ce qu'il occasionne le mouvement ou l'action, est donc le principal agent de la vie, et son absence absolue ne peut être considérée que comme symbole de la mort.

Puisque le feu produit des effets, et que sa puissance est très-énergique, il faut de toute nécessité qu'il soit un corps ; car quelque chose qui n'existerait que moralement ne pourrait produire d'effets physiques. Le feu est donc un corps, mais un corps à la vérité d'une ténuité extrême.

Toutes les fois qu'il y a production de feu, il y a combustion, c'est-à-dire décomposition d'un corps qui le produit aux dépens de sa propre substance.

Le feu n'est donc composé que des débris d'un gaz ou fluide qui a changé de nature.

Le feu par conséquent, ainsi que la lumière, ne sont point des corps à part, des corps étrangers à toute autre matière ; la lumière est seulement produite par la matière en état de modification, et le feu ou calorique se compose des molécules de cette même matière dissoute ou désorganisée.

La lumière ne peut continuer d'exister qu'autant qu'il y a continuité de matière en état de modification ; ainsi une bougie cesse de nous éclairer lorsque toute la matière dont elle est composée a subi la déflagration. Le feu lui-même cesse d'affluer ou de vibrer à l'entour du centre de son foyer, lorsqu'il cesse d'y avoir de la matière en état de combustion.

Le feu et la lumière ne peuvent donc exister qu'aux dépens des corps inflammables.

LA CHALEUR.

La chaleur peut avoir lieu, et en effet existe souvent sans lumière et sans feu, parce que la chaleur est le résultat d'un mouvement combiné, d'un mouvement d'action et de réaction qui agite, tourmente et irrite la matière ; toutes les fois que les molécules de la matière seront dans un état d'inertie parfaite ou de repos absolu, elles ne feront sentir aucune chaleur ; mais si ces mêmes molécules sont poussées hors leur état de repos, et que dans leur agitation elles puissent se presser, se heurter avec précipitation, elles acquerreront de la chaleur; la chaleur ou la matière en état de mouvement sont donc synonymes.

Toutes les matières, sans aucune exception, acquièrent de la chaleur par le frottement; le fer, le bois, les étoffes et même l'eau sont dans ce cas; deux pierres frottées l'une contre l'autre, ou violemment heurtées, lorsqu'elles ont pour bases les matières vitreuses, font feu; c'est avec deux morceaux d'écorce d'arbres, frottés l'un contre l'autre, que plusieurs nations sauvages se procurent le feu; deux pièces de bois finissent par s'enflammer lorsqu'elles sont frottées, pendant un certain temps, l'une contre l'autre. Plusieurs forêts ont été incendiées par cette cause; un pont en bois sur le Danube, à Vienne en Autriche, a été détruit par cette cause; deux cordages tendus et long-temps frottés l'un contre l'autre se sont enflammés.

L'eau qui bout dans une chaudière ne s'échauffe que parce que ses molécules sont dans un grand état d'agitation, et violemment heurtées l'une contre l'autre. L'eau de la mer, lorsqu'elle est fortement agitée par la tempête, s'échauffe sensiblement; c'est ce que Platon a observé ainsi que Cicéron, qui en fait mention dans ses Tusculannes; le navigateur Phyps a fait la même remarque au milieu des glaces polaires pendant la durée d'une tempête.

Il y a des circonstances où la matière s'échauffe lorsqu'elle est exposée aux rayons du soleil, ou à un foyer plus ou moins ardent; dans ce cas, le calorique solaire pénètre les corps ; ce fluide, introduit dans leurs pores, s'y accumule ; il se combine avec l'air ou les autres gaz, dont ils sont pourvus ; il les met en action ou en état de rayonnement ; ce rayonnement se réfléchit et fait sentir de la chaleur tant dans l'intérieur des corps qu'à leur surface, et la chaleur que ces corps font sentir est toujours proportionnée à l'affluence du calorique dirigé vers eux ; hors ces circonstances, les corps inanimés ne peuvent faire sentir aucune chaleur.

Buffon a dit, tome 3, page 422 : le feu ne peut guère exister sans lumière et jamais sans chaleur ; mais la lumière peu exister sans chaleur, et la chaleur sans lumière.

La lumière existe sans chaleur ; par exemple dans les matières phosphorescentes, et chez les lucioles ou vers luisants ; si dans ces circonstances la chaleur n'est pas sensible elle n'en existe pas moins, car il y a réellement décomposition lente, ou au moins une dilatation extrême d'un fluide en état de rayonnement ou d'irritation.

Le calorique existe sans lumière ; par exemple celui qui traverse les tuyaux d'un poêle, parce que le calorique dans ce cas n'est plus en état de modification ; mais il n'a pu arriver à cet état de calorique, sans avoir produit de la lumière, puisque la lumière est la conséquence nécessaire d'un fluide en état de déflagration, et que le calorique est toujours le résultat de cette même déflagration.

La chaleur peut encore être le résultat du développement d'un calorique latent; par exemple, la chaux ou pierre calcinée, lorsqu'on verse de l'eau dessus, fermente plus ou moins, selon la quantité de la chaux et celle du calorique qu'elle a conservé; si au sortir du fourneau vous versez de l'eau sur une quantité de chaux donnée, sa fermentation sera plus active que si vous versez de l'eau sur une égale quantité de chaux déposée depuis plusieurs jours en plein air. Le calorique, dont la chaux a été pénétrée pendant la dessication, diminue toujours de quantité à mesure qu'elle est exposée à l'air, parce que l'air, en pénétrant la pierre, finit par tourmenter le calorique qui se volatilise peu à peu. Si l'on verse de l'eau dessus avant qu'il se soit échappé, ce calorique, qui est une poussière de la plus grande ténuité et que l'eau ne peut pénétrer, cherche à prendre son essor ; il traverse l'eau sous laquelle il est plongé, et en la traversant il met en action les molécules d'eau; celles-ci s'échauffent toujours d'une manière proportionnelle à la quantité de calorique qui s'échappe à sa propre masse. La même quantité de chaux échauffera plus vite un seau d'eau qu'un poinçon, et progressivement.

Ici le calorique qui s'échappe n'est plus feu, mais est seulement une poussière morte, que sa grande ténuité rend impénétrable à l'eau, et qu'il cherche à surnager ; il ne communique pas sa propre chaleur à l'eau puisqu'il n'en a aucune, mais il échauffe l'eau parce qu'il met ses molécules en état de mouvement.

Il peut encore y avoir développement ou production

de chaleur, lorsque l'on verse de l'acide nitreux sur de l'huile de térébenthine ; certainement l'une et l'autre de ces deux matières ne contiennent ni feu ni calorique, mais les molécules de ces deux matières étant hétérogènes, et ne pouvant se combiner ou se pénétrer l'une et l'autre, parce que l'huile a un rayonnement qui repousse l'accès de l'acide, et l'excédant de poids de ce dernier, cherchant à comprimer l'huile, il en résulte une espèce de lutte ou de mouvement qui met l'un et l'autre en état d'irritation, et cette irritation est poussée à un si haut degré que l'huile finit par être volatilisée, et ses molécules heurtées avec tant de force qu'elles arrivent à l'état de déflagration et de décomposition.

Ainsi donc la lumière dont le soleil est le centre, est produite par la déflagration du fluide inflammable dont le soleil est environné, et qu'il brise dans son cours ; ce fluide arrivé à la sphère du soleil est entièrement homogène et dans un état de dilatation suffisante, ce qui rend cette lumière d'un brillant parfait. Si l'air atmosphérique ordinaire s'élevait jusqu'à cette sphère, et qu'il fût mêlé au gaz inflammable en trop grande quantité, cette même lumière n'aurait plus le même brillant, et sa déflagration serait instantanée, et s'opérerait avec bruit ; mais la distillation qu'il a subie, fait qu'il brûle aussi paisiblement que de l'esprit-de-vin dans une lampe.

Admirons encore ici la sage prévoyance du créateur ; car si ce gaz pouvait s'enflammer par communication, la nappe entière du fluide serait embrasée en un instant ;

des ténèbres absolues en seraient la suite inévitable; Dieu a donc voulu que le soleil n'enflammât que la quantité suffisante pour éclairer l'univers et animer la nature, comme s'il eût voulu nous dire : « Mon char radieux ne » cessera, dans son cours, de verser sur vous la lu- » mière et la vie. J'ai organisé la nature de manière » à ce qu'elle produisît constamment une quantité de » gaz proportionnée à vos propres besoins; j'en ai cal- » culé la consommation dans une juste proportion » avec le produit, et c'est sur cette juste compensa- » tion qu'est basée l'éternité de mon ouvrage! »

Croire que le soleil nous éclaire aux dépens de sa propre substance est une absurdité; la quantité de calorique qu'il verse constamment sur la terre aurait anéanti sa masse en moins de six jours : car pour qu'il la fournît lui-même, il faudrait qu'il fût composé de matière inflammable, et cette matière n'eût jamais résisté à la vivacité du feu dont il est le centre; Dieu n'a pu dans cette circonstance comme dans toute autre, agir que selon les principes des lois physiques; et comme il est physiquement impossible de produire du feu sans une matière qui soit mise en déflagration, Dieu ne le pouvait pas plus qu'un autre; seulement il a employé, pour y parvenir, des moyens proportionnés à sa puissance et à son génie, et en même temps à la quantité de matière qu'il voulait animer.

Le gaz inflammable qui dans sa déflagration produit la lumière, forme le calorique que le soleil disperse dans la nature ; il ne faut plus être étonné de la ténuité, de la fluidité et de la pénétrabilité du calorique solaire, puisque le gaz dont il forme les débris était de la plus grande ténuité, et que ces mêmes molécules, en passant de l'état de gaz à celui de calorique, ont été divisées en un nombre infini de parcelles; ces parcelles caloriques doivent vibrer avec une grande vitesse, et traverser rapidement l'atmosphère, et en arrivant sur la terre elles doivent pénétrer les divers corps organiques ou non, avec la plus grande facilité.

Mais, dira-t-on, la nature ne pourra-t-elle pas finir par s'épuiser de gaz inflammable, et cesser de fournir au soleil un aliment à sa lumière et à ses feux? non, sans doute; car tout a été prévu par le grand architecte; cette poussière qui émane du soleil sous le nom de calorique, en se répandant sur la terre qu'elle anime et vivifie, se fixe à tous les corps qu'elle pénètre, elle force les êtres appartenant aux règnes animaux et végétaux à se développer, en leur communiquant son action expansive; cette poussière à son tour s'y incorpore à à l'huile essentielle de ces mêmes êtres; cette union lui rend la même qualité qu'elle avait perdue dans sa déflagration; et à la destruction de ces mêmes êtres, elle s'élance dans l'atmosphère pour redevenir gaz inflammable, alimenter les feux des corps célestes qui la convertissent en calorique, et ainsi successivement pendant l'éternité!

Il est donc impossible que la nature s'épuise, puisqu'elle ne perd rien; le gaz inflammable converti en calorique est renvoyé vers la terre, où il reprend ses

qualités primitives; il n'en est perdu aucune parcelle
sur la terre, car celles qui ne s'attachent pas aux
végétaux et aux êtres animés, sont entraînées par les
pluies qui les déposent soit dans la mer ou les rivières,
peuplées d'êtres vivants, qui s'en emparent, et les
parcelles qui pénètrent dans la terre, sont bientôt soulevées dans l'air, par les vapeurs, ou déposées dans
les réservoirs souterrains, dont l'écoulement les char-
rie à l'orifice des fontaines.

Il est d'ailleurs constant, et c'est une chose reconnue
vraie en physique, que toutes les matières terrestres
contiennent du gaz inflammable ; que l'atmosphère elle-
même est remplie de la portion du gaz qui s'élève dans
l'air avec les autres vapeurs auxquelles il est uni ; que
ce gaz, dégagé des matières non inflammables, est très-
combustible ; qu'il produit une lumière très-brillante,
semblable à celle du soleil ; que le feu qui en résulte
est très-actif, et a beaucoup plus d'énergie et de pénétrabilité que nos feux ordinaires.

Puis donc que les savants (voy. p. 58 et suiv.) sont
d'accord que le gaz inflammable entretient plusieurs corps
célestes en état continuel d'incandescence, sans altération ni diminution de volume ; que le soleil lui-même
paraît avoir cette matière pour aliment, puisque sa
lumière et ses feux ont toutes les apparences d'un gaz
en combustion ; nous devons donc regarder comme une
chose d'autant plus certaine qu'elle est conforme à
l'expérience et aux lois physiques ou naturelles, que le
soleil est réellement alimenté par le gaz inflammable

vaporisé par la terre, et qu'au lieu d'attendre qu'un courant vienne s'offrir à lui pour entretenir cette combustion, il se donne les mouvements nécessaires pour le recueillir tout à l'entour de la terre.

La terre élève uniformément, sur tous les points de sa circonférence, du gaz inflammable, de manière qu'il se trouve également répandu dans toute la partie de l'espace destiné au cours du soleil ; d'ailleurs la lune, dont le mouvement dans l'écliptique est douze fois plus rapide que celui du soleil, le disperse également dans tous les endroits qu'elle parcourt ; par conséquent le soleil rencontre partout la même quantité d'aliment à ses feux, ce qui rend sa marche régulière et uniforme ; car s'il se rencontrait dans un lieu où la quantité de fluide fût plus ou moins abondante, son mouvement n'aurait plus la même uniformité. La lune, en passant souvent d'un pôle à l'autre, égalise la nappe de fluide, et remplit les vides occasionnés par l'arrière cours du soleil.

Nous avons dit, en parlant de la lune, que son mouvement d'obliquité était bien plus sensible dans l'équateur, où elle passe deux fois par mois, que vers les tropiques où elle ne va qu'une fois par mois, et cela fondé sur ce que la quantité de fluide est moins abondante dans l'équateur où elle passe deux fois par mois, qu'aux *tropiques* où elle ne va que tous les vingt-sept jours.

De même le soleil qui ne va qu'une fois par an aux tropiques, y trouve un fluide beaucoup plus abondant que dans l'équateur, où il passe deux fois par an, à l'époque des équinoxes ; de manière qu'aux pôles, l'obliquité de ses contours reste stationnaire pendant près de quinze jours à chaque; c'est de là qu'est venu le mot *tropique,* qui signifie s'arrêter, parce que, disent les astronomes anciens et modernes, le soleil y paraît stationnaire ; tandis que dans l'équateur, son déplacement dans l'écliptique, c'est-à-dire l'obliquité de ses contours, est quatre fois plus considérable, et c'est alors seulement que le soleil opère le mouvement connu sous le nom d'équation, duquel il résulte que le soleil emploie plus de 24 heures à décrire sa révolution diurne, tandis qu'aux tropiques il emploie vingt-quatre heures justes (2).

Il suffit au surplus pour se convaincre de cette vérité, de jeter les yeux sur une étrenne antérieure à 1830, et en remontant pendant une longue série d'années, on y verra que le mouvement journalier du soleil en latitude, est plus considérable lorsque cet astre est dans l'équateur, que lorsqu'il est vers les pôles. De même on verra qu'aux tropiques le soleil, pendant près d'un mois, se lève et se couche à la même heure, tandis qu'à mesure qu'il s'avance vers l'équateur, la différence devient de plus en plus sensible, et que la plus grande différence est toujours dans le voisinage de l'équateur.

Ces faits sont si vrais, si évidents, qu'ils devraient suffire pour convaincre que les feux du soleil sont réellement alimentés par le gaz inflammable que produit la terre, et en même temps du mouvement circulaire du soleil à l'entour de la terre.

Nous n'éprouvons pas toujours du soleil le même

degré de chaleur, quoiqu'il répande constamment la même quantité de feux; c'est parce que 1° le soleil, à cause de son déplacement continuel dans les cieux, ne répond pas toujours au zénith du même lieu de la terre; car au mois de décembre, lorsqu'il est plus éloigné de nous, ses rayons sont moins abondants, parce que ce sont les lieux qui l'ont à leur zénith qui en reçoivent le plus, et ceux qui nous arrivent ont été singulièrement affaiblis en raison du chemin qu'ils ont eu à parcourir en traversant obliquement les couches inférieures de notre atmosphère, qui sont les plus denses et les plus chargées de vapeurs humides, lesquelles absorbent une grande quantité de ces parcelles, et paralysent l'action du surplus; 2° le calorique dont la terre avait été pénétrée pendant l'été, s'est anéanti, tant par l'effet des pluies d'automne qui l'ont forcé à reprendre son essor dans l'atmosphère, que par son assimilation aux végétaux et aux minéraux; les émanations de la terre sont infiniment moins considérables, parce qu'elle est dépouillée de son agent répulsif. Et l'atmosphère supérieure se concentre et s'affaisse d'autant plus vers la terre que cette dernière se trouve sans puissance expansive, et leur condensation nous prive de la lumière du soleil, et arrête l'écoulement du calorique.

En été, au contraire, les rayons du soleil affluent pendant le double de temps; il est lui-même plus près de nous; ses rayons qui ont moins d'espace à parcourir, ont moins eu le temps de s'affaiblir; leur perpendicularité fait qu'ils éprouvent moins d'obstacle de la part de l'atmosphère. La terre, se trouvant dans un état continuel de desséchement, elle conserve davantage de calorique dans son intérieur, et celui qui émane du soleil est réfléchi avec plus de force, de manière que dilatant avec plus d'énergie, les vapeurs qui tendent toujours à se concentrer vers la terre, comme leur seul point d'appui, il les maintient dans un état d'expansion tel, que ces vapeurs ne peuvent ni nous intercepter la lumière du soleil, ni paralyser l'écoulement de ses rayons.

Au surplus, le degré de chaleur que nous éprouvons à la surface de la terre n'est pas toujours proportionné à l'affluence des rayons caloriques, car il arrive souvent en été, que lorsque la terre est fortement imbibée, et que le soleil paraît au milieu d'un ciel pur, la chaleur ne se fait que médiocrement sentir, quoique l'affluence des rayons caloriques soit aussi considérable qu'elle puisse l'être, tandis que dans la même saison, lorsque la terre est sèche, et l'air surchargé de nuages, nous éprouvons un degré de chaleur tel, que nous en sommes incommodés.

En voici la raison : la chaleur étant le résultat d'un mouvement combiné, un mouvement d'action et de réaction, il s'ensuit que lorsque la terre est humide, elle ne réfléchit que faiblement les rayons caloriques; alors il n'y a qu'une seule action, qui est celle de l'afffuence de ses rayons vers la terre qui les absorbe, ou si elle les réfléchit, ils vont se perdre dans le vide de l'air, sans nouvelle réflexion ; tandis que lorsque la terre est sèche, elle réfléchit abondamment le calorique, lequel renvoyé dans l'atmosphère est de nouveau réfléchi par l'amas ou la condensation des vapeurs de l'atmosphère, lesquelles ne lui permettent pas une ascension indéfinie, et le renvoient de nouveau vers la terre ; il en résulte un mouvement intermédiaire très-actif qui met les couches inférieures de l'air dans un état d'agitation extrême, et c'est cette agitation qui produit la chaleur incommodante ; c'est encore la cause pour laquelle d'immenses masses de vapeurs accumulées se soutiennent dans l'air à un certain degré d'élévation ; car, sans ce mouvement d'agitation qui seul produit la force expansive de l'air, ces amas de vapeurs s'affaisseraient tout-à-coup sur la surface de la terre, et anéantiraient tout à l'endroit où elles se déposent. C'est encore par ce motif que le baromètre baisse à l'approche d'un orage, parce qu'alors la force expansive de l'air est si puissante, que la pression supérieure est presque neutre, et que le baromètre exerce plus facilement son action contre le poids de l'air.

Concluons de là que si le soleil avait réellement 350,000 lieues de diamètre, et s'il n'était éloigné de la terre que d'une distance égale à 100 fois son diamètre, la quantité de calorique qu'il lancerait sur la terre serait prodigieuse ; il n'y aurait aucun corps dans la nature capable de résister à la violence de ses feux ; tout serait pulvérisé et anéanti ; les peuples qui habitent entre les tropiques auraient tout l'horizon sensible occupé par cet immense foyer. Que des astronomes viennent nous assurer que le soleil est un million de fois aussi volumineux que la terre, et qu'il n'en est éloigné que d'une distance égale à cent fois son étendue, c'est le comble du ridicule ; que le vulgaire y croie, c'est le comble de la stupidité.

Car vu d'une distance égale à 100 fois l'étendue de son volume, le soleil nous paraît avoir à peine deux mètres d'étendue , c'est moins relativement à ce volume supposé qu'un est à deux milliards; et encore Bernardin de Saint-Pierre nous assure que s'il n'y avait pas de vapeurs , le soleil nous paraîtrait sensiblement plus petit, ainsi qu'on le voit du sommet d'une haute montagne.

Tous les astronomes sont d'accord, et c'est un fait vrai, que le disque du soleil paraît en hiver un seizième plus grand qu'en été, parce qu'alors la quantité de vapeurs qui le séparent de nous, est plus considérable qu'en été, en raison de ce qu'il la traverse obliquement; d'ailleurs l'évidence prouve que plus l'air est sec et net, plus le disque du soleil paraît petit; et plus il y a de vapeurs, plus il paraît grand; c'est le motif pour lequel le soir et le matin il paraît beaucoup plus grand qu'à midi.

Une chandelle ordinaire, dit Buffon, se voit la nuit d'une distance égale à 516,800 fois l'étendue de sa flamme, et une chandelle d'artifice dans laquelle il entre du gaz inflammable, peut se voir de beaucoup plus loin (tome 25, page 193) ; un homme, ayant la vue bonne, peut voir les objets d'une distance égale à 5,400 fois l'étendue de leur volume.

Il est constant qu'un faisceau de lumière produite par un miroir réflecteur, pourrait se voir pendant le jour à une distance illimitée, quand même la lentille du miroir n'aurait pas un pouce de diamètre, et cette lumière se verrait de 500 lieues et plus, sans aucune diminution de volume.

En général, tous les objets se voient d'aussi loin qu'ils peuvent trancher avec le plan de l'horizon sensible, et ils ne cessent d'être visibles que lorsqu'ils sont noyés dans le plan de l'horizon ; et à telle distance qu'ils soient, ils sont plutôt embrouillés qu'annihilés, et souffrent très-peu de diminution de volume, en apparence, par l'effet de l'éloignement.

Les astres qui tranchent avec le plan de l'horizon sensible, dès que nous les apercevons, sont d'autant plus visibles, que, par l'éclat de leur lumière, ils tranchent nettement sur l'air qui nous sépare d'eux, surtout pendant la nuit, car pendant le jour la lumière du soleil éclipse toutes les autres ; tandis que tous les objets terrestres cessent de nous être visibles parce que leur nuance ne tranche pas suffisamment sur la couleur des objets qui sont derrière eux, tels que les nuages, les forêts, les coteaux, dont la similitude de teinte se confond et en empêche le discernement.

C'est ainsi que le sommet des montagnes s'aperçoit, dès qu'ils tranchent avec le plan de l'horizon, à quelque distance que soit l'observateur, et ils paraissent plus volumineux que si on les voyait de près.

Enfin il est constant pour quiconque veut voir et

penser, lorsqu'il est doué d'un peu de raisonnement, qu'un objet quelconque, vu d'une distance égale à 100 fois l'étendue de la surface qu'il nous présente, ne diminue pas en apparence, par l'effet de l'éloignement, d'un vingtième de son volume réel; de manière que si le soleil avait 330,000 lieues de diamètre, il devrait nous paraître en avoir 300,000 au moins. Supposons maintenant le soleil dans l'équateur et sur notre méridien, puisque l'on suppose le soleil cent dix fois aussi étendu que la terre, n'est-il pas évident que le soleil couvrira notre hémisphère entier dans toute son étendue, et que tous les points de cet hémisphère recevront ses rayons perpendiculairement? n'est-il pas vrai encore que tout l'horizon sensible sera occupé par le disque du soleil, et que l'immense quantité de calorique qu'il lancera sur notre grain de poussière le réduira en chaux, ainsi que tous ces petits êtres qui végètent dessus? Quelque éloigné de la terre que l'on puisse supposer le soleil, son élévation ne dérange rien du tout à sa perpendicularité.

Tandis que lorsque le soleil est dans l'équateur, son disque fait avec notre zénith un angle ouvert de 71 degrés; mais, dira-t-on, la courbure de la terre fait incliner notre zénith à chaque pas vers le pôle artique; en suivant la courbure de la terre, la différence d'inclinaison de notre zénith avec celui de l'équateur ne doit être que de 33°; mais nous en accordons 40° ou même 48° si l'on veut, il en restera toujours 23°; et comme 23° font 46 fois l'étendue du diamètre du soleil, il s'en faudra

46 fois l'étendue du disque du soleil qu'il ne soit aussi étendu que l'espace qui règne entre l'équateur et l'un des tropiques ; l'espace de l'équateur à l'un des tropiques est d'environ 500 lieues, il en résultera que le diamètre du soleil n'aura que la 46e partie de 500 lieues, ce qui fait environ dix lieues; car il est de la dernière évidence, que si le soleil était d'un volume égal à la moitié de celui de la terre, les peuples qui habitent entre les tropiques, l'auraient toute l'année perpendiculairement à leur zénith; ce qui est démenti par l'expérience.

Il est de même confirmé par l'expérience, que tous les corps lumineux placés au milieu des ténèbres augmentent de volume, en apparence, par l'effet de l'éloignement, et que par un temps sec et net, on pourrait les voir à une distance illimitée; le soleil est d'autant plus dans le même cas, que sa lumière est la plus vive, la plus brillante de toutes celles que l'on peut produire dans la nature; il ne déroge point à cette règle, puisque plus l'air est sec et net, plus son disque paraît petit, et que ceux qui ont voyagé sous la ligne, trouvent qu'il paraît dans ces climats de moindre dimension qu'ici ; plus les vapeurs sont élevées, plus le disque paraît petit, parce que l'angle de réfraction approche davantage du parallèle aux rayons; plus les vapeurs se condensent près de la terre, plus il paraît grand, parce que des globules plus éloignés de la parallèle, nous réfléchissent la lumière. Il est donc plus que vraisemblable que le soleil n'est réellement pas plus grand qu'il le paraît, et c'est l'opinion d'un assez grand nombre de savants (3).

Comme la lune, le soleil tourne à l'entour de la terre, et dans le même sens; comme elle, il est dirigé par la nappe de fluide sur laquelle il glisse avec légèreté et vitesse; embrasant à chaque instant le fluide qu'il rencontre sur son passage, il est forcé à s'avancer toujours obliquement, car s'il passait plusieurs jours de suite sur la même ligne, il ne trouverait plus de matière pour alimenter ses feux; il est donc forcé à un déplacement continuel. Il n'espace l'obliquité de ses contours que proportionnellement à l'abondance du fluide qu'il rencontre sur son passage; et, comme la lune, dès qu'il est arrivé à l'un des tropiques, il est forcé de replier son mouvement sur lui-même, parce que l'atmosphère ayant subi la même sphéricité que la terre, il ne pourrait trouver de fluide qu'en s'abaissant vers une sphère de beaucoup inférieure à la sienne et insuffisamment pourvue de gaz , et encore il changerait la marche ordinaire de son cours qui, se trouvant plus resserré, s'effectuerait dans un temps inférieur.

(4) Le soleil ne peut éprouver de résistance de la part du fluide qu'il sillonne, parce qu'il l'enflamme au fur et à mesure du contact; il se trouve par là au contraire constamment dans un vide absolu, et c'est ce même renouvellement continuel de vide qui le force à suivre son cours en avant.

Pour se soutenir dans une sphère aussi élevée, au milieu d'un fluide inpalpable et impondérable , il faut

que le globe du soleil soit de la plus grande légèreté,
car la plus légère plume ne s'y soutiendrait pas ; il n'y a
donc que sa légèreté spécifique, la rapidité de son
mouvement, l'intensité du feu dont il est environné,
qui par son expansibilité fait autour de lui un globe
vide assez considérable, qui puisse l'empêcher de
plonger dans l'atmosphère inférieure.

NOTES DU § III.

(1) Buffon, tome 2, page 490 : « Si nous considérons plus particu-
» lièrement la nature des matières combustibles, nous verrons que
» toutes proviennent originairement des végétaux, des animaux, des
» êtres en un mot qui sont placés à la surface du globe.

» Les bois, les charbons, les tourbes, les bitumes, les résines,
» les huiles, les graisses, les suifs, qui sont les vraies matières combus-
» tibles. »

Id., 525 : « L'air est l'adminicule nécessaire, et le premier aliment
» du feu, qui ne peut se propager, s'augmenter, ni subsister, qu'au-
» tant qu'il se l'assimile et le consomme. »

L'air que nous respirons n'est point l'aliment de nos feux ordinaires,
parce qu'il n'est pas assez homogène, mais il est indispensable au feu
pour la dilatation du fluide qui en forme la substance ; si un courant
d'air très-actif augmente l'action du feu, ce n'est pas parce que cet air
entre en incandescence, mais c'est parce qu'il dilate la fumée dont le
feu est ordinairement environné, ce qui permet au gaz inflammable qui
s'échappe des matières en combustion de prendre toute l'expansibilité
nécessaire ; de plus le courant d'air accélère le choc des molécules
inflammables entre elles, ce qui facilite leur déflagration en excitant
leur état d'irritation ; car toutes les fois que le gaz inflammable est comprimé au point de ne pouvoir acquérir sa dilatation nécessaire, la déflagration n'aura pas lieu.

Tandis que le gaz inflammable qui s'élève de la terre dans l'atmosphère, s'analyse successivement en s'élevant ; en arrivant à la sphère de la lune, ce globe le met dans son dernier degré de perfection ; de manière que le soleil dont la sphère touche immédiatement celle de la lune, trouve ce fluide dans un degré convenable de dilatation et d'homogénéité ; il lui suffit dans son cours de le frapper, ou même de le mettre dans un état de mouvement et d'irritation convenables pour l'enflammer.

Buffon, *id.*, 485 : « Les parties les plus volatiles des matières com-
» bustibles, telles que les molécules aériennes huileuses, obéissent
», sans effort à ce mouvement expansif qui leur est communiqué ; elles
» s'élèvent en vapeurs ; ces vapeurs se convertissent en flammes par le
» secours de l'air extérieur. »

Dictionnaire historique, au mot *Amiante* : « Aucune matière ne peut
» produire de la flamme sans perdre de sa substance. »

Sigaud-Delafond, tome 4, page 37 : « Au défaut d'une idée plus précise, d'une définition plus exacte, disons, avec le célèbre chimiste Macquer, que le feu pur, libre, dégagé de tout état de combinaison, paraît un assemblage de particules d'une matière simple, homogène, absolument inaltérable ; que ces particules infiniment petites et déliées, ne paraissent avoir aucune cohésion entre elles, et qu'elles sont continuellement agitées d'un mouvement très-rapide. »

(2) Lacépède, *Histoire des Poissons*, tome 2, page 170 : « Le soleil
» recommence, toutes les fois qu'il est au même méridien, un nouveau
» tour de son immense spirale. »

Virgile Georg, liv. I : « *Via secta per ambas, obliquus qua se signo-
» rum verteret ordo.* »

« Le soleil dans son cours enveloppe obliquement la terre. »

Buffon, tome 4, page 538 : « Les anciens Brames, d'après les Tartares beaucoup plus anciens qu'eux, et qui avaient les premiers perfectionné l'astronomie : la terre est immobile, le soleil et la lune tournent à l'entour de la terre, les autres planètes sont plus petites que cette dernière.

» Les Egyptiens connaissaient le mouvement du soleil plus de trois mille ans avant Jésus-Christ, et les Chaldéens plus de deux mille quatre cent soixante-quinze ans. »

(3) Lucrèce , chapitre 5 , page 195 : « Le disque du soleil n'est guère plus petit ni plus grand qu'il le paraît à nos sens ; car toutes les fois qu'un corps de feu peut nous éclairer de sa lumière , quelque éloigné qu'il soit , cette distance ne nous dérobe rien de sa grandeur , et ne rétrécit point à nos yeux ses dimensions apparentes. »

« De même la lune ne parcourt point le ciel sous un volume plus considérable que celui qui frappe nos yeux. »

« Enfin, puisque tous les feux que nous voyons sur la terre , à quel-
» que distance qu'ils soient placés , ne nous paraissent subir aucune
» altération , tant que nous distinguons leur lumière et leur agitation ,
» il faut en conclure que les feux éthérés ne sont guère plus grands ni
» plus petits qu'ils le paraissent à nos yeux. »

(4) Lucrèce, chapitre 5, page 191 : « Il se peut aussi que le firmament restant immobile, ses flambeaux lumineux décrivent un cercle autour de nous , soit que la matière éthérée , roulant sans cesse autour du firma-ment , occasionne ainsi la révolution des astres , soit qu'ils puissent eux-mêmes se traîner où leur aliment les appelle , et recueillir dans leur route la matière ignée (pour inflammable) répandue partout le ciel. »

Note de l'auteur, sur le Feu.

Nous avons dit que le feu était produit par la déflagration d'un fluide connu sous le nom de gaz inflammable ; que ce gaz inflammable pour arriver à l'état de feu devait être analysé autant que possible ; mais que pour passer à l'état de feu , les molécules de ce gaz subissaient une grande division et une dissolution complète de leurs parties; que c'est alors, et alors seulement, que les diverses molécules de calorique , pro-duites par la déflagration ou dissolution du fluide inflammable , sont véritablement pures et entièrement homogènes et dégagées de toute espèce de combinaison ; avant de subir la déflagration , ces molécules étaient empreintes d'un fluide qui leur servait de ciment , et en subis-sant la dilatation suprême ou la déflagration , ce fluide a produit la lumière ; la lumière est donc le produit ou le résultat de la dissolution des molécules d'un gaz , et l'état du passage de la matière combinée à la matière homogène; l'instant où elle subit le degré suprême de divi-sion , de dilatation et d'irritation , on pourrait dire que c'est l'instant où la matière subit une mort violente , l'instant où elle passe de l'existence au néant , l'instant où les débris de la matière anéantie sont dispersés dans la nature pour la vivifier. Le principe de la vie réside donc dans les débris de la mort ; puisque la lumière est le dernier degré de division possible de la matière , il n'y a plus de corps après elle , et le calorique résultat de la lumière doit être considéré comme un fluide et non un corps , puisqu'il est arrivé au dernier degré de division possible , et que le gaz dont il tire son essence a été dépouillé de son flogistique ou ciment , et qu'il ne peut plus être réuni en corps ou en masse , sans rentrer dans le grand laboratoire de la nature , pour s'y assimiler un nouveau flogistique à l'aide duquel il puisse redevenir gaz inflammable ; la lumière devrait donc être considérée comme étant l'âme de la matière , et le feu ou calorique comme étant le corps mort de cette matière; ce corps , dépouillé de vie et rendu au néant , et la lumière , est l'essence ou l'esprit de la matière arrivée à son état homogène.

Le feu ou calorique est donc la cendre ou le résidu d'un gaz enflammé dont la ténuité est proportionnée à la finesse ou divisibilité de la matière principale , et l'activité ou vitesse de mouvement est proportionnée à la violence de l'action qui la produit.

On a dit avec raison que les extrêmes se touchent , et peut-être pourrait-on dire avec justesse que le feu réunit les deux extrêmes , puisque sans lui , sans sa puissance qui anime la nature , la formation des corps serait impossible : c'est par la combinaison des éléments qu'il met en action que les corps se forment et s'organisent; il n'y a pas d'organisation possible en son absence; et d'un autre côté, il désorganise et dissout en dernier lieu les corps soumis à son action. Lorsqu'il s'empare directement d'un corps , il le détruit , en change la nature , l'analyse et le rend homogène , en divisant ses parties et anéantissant les fluides ou liquides qui en maintenaient la cohésion ou assemblage , ne laissant après lui que des molécules informes et sans adhérence.

Soumettez à l'action du feu plusieurs morceaux de bois , certainement le feu n'anéantira pas la matière même du bois , il ne fera que le dissoudre et désorganiser , et en convertir le résidu en cendre cette cendre ne formera plus un corps , mais seulement un amas informe de matière sans cohérence

Ce qui aura formé la substance ou la matière de la flamme, c'est le fluide ou huile essentielle du bois qui lui servait de ciment pour réunir ses différentes parties, et les maintenir sous la forme d'un corps adhérent ou compacte; dès que le bois sera dépouillé de son fluide il sera décomposé et cessera désormais et pour toujours d'exister sous sa forme primitive.

Si l'on met au feu plusieurs morceaux de bois un peu piqués de vers et dépouillés de leur écorce, on verra, lorsque le bois sera bien enflammé, des jets de fluide s'échapper soit par les piqûres de vers, soit par des fentes occasionnées par la sécheresse du bois; ce fluide ne s'enflammera d'abord qu'à quelques pouces de distance de la surface du bois, parce qu'au sortir du bois il n'a pas encore acquis toute la dilatation et l'expansion nécessaires, et la flamme produite par la déflagration du fluide formera un volume au moins décuple de celui du fluide et vingt fois plus dense, preuve qu'il y a division des molécules du fluide inflammable en un grand nombre de parcelles. Et lorsque la colonne de fluide inflammable diminuera de volume et que le fluide deviendra plus rare, elle s'enflammera dans l'intérieur et même à la surface du bois. Ici certainement la flamme est produite dans la décomposition ou dernière analyse du fluide inflammable.

Nous partirons de là pour dire qu'il n'est pas possible de concevoir dans la nature un seul corps homogène, et qu'un corps de matière homogène serait sans aucune consistance, tels que la cendre ou un sable très-fin, qui amoncelés forment des volumes et non pas des corps, parce que leurs différentes parties n'ont aucune adhérence entre elles.

La formation des corps n'est due qu'à la combinaison de diverses matières pourvues d'un fluide ou d'un liquide qui lie entre elles les diverses parties du tout; ce n'est donc qu'à l'aide du feu que la combinaison, et par suite l'assimilation, peuvent avoir lieu ainsi que l'organisation des corps.

C'est le feu réunissant son action au plus haut degré possible qui analyse la matière, en simplifie la combinaison et dissout les corps qu'il avait formés par une action plus modérée. Le feu réunit donc les deux extrêmes : il est donc le principe et la fin des corps.

Les métaux et les minéraux eux-mêmes ne formeraient point des corps sans l'assimilation d'un fluide qui réunit et fait adhérer leurs différentes parties; par conséquent ils ne sont pas homogènes; leur force de cohésion est elle-même fondée sur l'homogénéité de ce fluide. Lorsque ces matières sont soumises à une action suffisante du feu pour soustraire ce fluide et rendre la matière des métaux et autres minéraux homogènes, ils sont décomposés et ne peuvent plus former de corps, mais seulement des masses de cendre ou poussière.

Puisque nous disons que le feu est le principe et la fin des corps, que lorsqu'il agit modérément il en détermine l'existence et en facilite l'organisation, et que lorsqu'il agit avec violence il les décompose et les anéantit, il était donc indispensable que le soleil, centre unique du foyer qui anime l'univers, fût placé à son extrémité et non au centre. Placé au centre il eût détruit et anéanti tous les corps, il eût soulevé au dehors une infinité de molécules qui se seraient écartées du centre au détriment du tout; tandis que placé à l'extrémité et circulant autour de la terre, il en vivifie successivement toutes les parties; son éloignement du centre modère l'activité de ses feux, et les rend bienfaisants en circulant continuellement autour de la terre d'un pôle à l'autre; il ramène sans cesse vers le centre toutes celles des molécules qui s'écartent de la masse; il tend sans cesse à concentrer la matière que ses feux dispersent et volatilisent; sa surveillance continuelle était donc indispensable; c'est par lui que la nature est vivifiée, c'est par lui qu'elle est conservée. Quelle grandeur de puissance! et quelle simplicité d'action dans un même sujet! la même puissance forme et détruit, la même action disperse et concentre! les rayons du soleil soulèvent et volatilisent les vapeurs de la terre; arrivées à sa sphère, il les pulvérise et les renvoie vers la terre! le soleil éclaire et anime la nature, aux dépens de cette même nature, sans altérer sa substance et sans diminuer celle de la nature, puisque dès qu'il a fait usage de celle des émanations de la terre qui se sont élevées jusqu'à lui, il les brise, les dissout et les renvoie vers la terre, où elles s'organisent de nouveau à des corps dont elles déterminent l'existence et facilitent le développement.

§ IV.

LES COMÈTES.

Nous avons dit que dans le gaz inflammable , distillé par la lune , il se trouvait un résidu ; que ce résidu était trop matériel pour prendre un mouvement d'ascension dans l'atmosphère supérieure , qu'il était par conséquent forcé de rentrer dans l'atmosphère inférieure. En s'y accumulant progressivement , il finirait par intercepter la libre circulation de celui qui s'élève continuellement de la surface de la terre. Il est donc nécessaire que la nature ait un moyen d'en dégager l'atmosphère.

Nous avons vu plus haut que les physiciens ont démontré que le gaz s'enflamme par le seul contact avec l'air commun , et que la simultanéité de son incandescence est proportionnée à la plus ou moins grande quantité d'air atmosphérique avec lequel il se trouve combiné. Ils reconnaissent aussi que le gaz inflammable entretient plusieurs corps célestes en état continuel d'incandescence, sans diminution ni altération ; que la disparition complète de certaines étoiles, après un état extraordinaire , peut être attribuée à cette cause.

Nous pensons donc que les comètes ne sont point des corps célestes, mais bien des globules lumineux produits par des bancs de gaz qui s'enflamment avec le contact de l'air commun. Le volume de ces globules est proportionné à la quantité et à la qualité plus ou moins homogène de ce gaz. La transparence et la lumière pâle de ces noyaux démontrent suffisamment que le gaz n'est pas très-pur. Leurs queues ne sont elles-mêmes que des traînées de globules qui les suivent et s'anéantissent au fur et mesure de la diminution du banc de fluide. Le noyau principal lui-même disparaît aussitôt qu'il a consommé le banc de fluide qui lui servait d'aliment.

Voici comment s'expliquent, au sujet des comètes, les auteurs de l'*Encyclopédie portative,* partie *astronomique,* pages 192 et suivantes :

« Dirons-nous que toutes les comètes ne sont point de
» la même nature? que quelques-unes ne paraissent rien
» autre chose qu'un amas de vapeurs peu distinct, très-
» transparent, peu lumineux? que d'autres sont de même
» nature, mais présentent une portion plus dense et plus
» opaque, appelée le *noyau,* plongée dans la matière
» rare et vaporeuse? Dirons-nous que la plupart des
» comètes sont entourées d'une atmosphère assez dense
» pour réfléchir en partie la lumière solaire, et l'empê-
» cher d'arriver en abondance jusqu'à la partie solide,
» où le noyau qui, quoique plus brillant que le reste,
» n'approche point de l'éclat des planètes? ou bien que
» le noyau n'est lui-même qu'une partie, mais plus con-
» densée, de cette matière très-rare, mais peut-être lumi-
» neuse? — Mais plutôt ne dirons-nous point avec
» Herschell qu'une matière nébuleuse, extrêmement rare
» et faiblement lumineuse, est partout répandue dans

» l'espace ; qu'il s'y trouve quelques points plus denses
» qui forment des centres d'attraction , autour desquels
» le reste se réduit peu à peu ; que par cette condensa-
» tion et ce déplacement , il se forme des corps qui peu-
» vent circuler autour du centre commun de gravité ; que
» la condensation , portée à un certain point, produit
» les comètes , et que les planètes sont dues à une con-
» densation plus parfaite ? »

Il paraît donc plus que probable que les comètes ne
sont point des corps célestes, mais bien des noyaux de
gaz enflammés qui circulent à l'entour de la terre , tant
qu'ils y trouvent un aliment convenable à leur nature. Si
elles circulent en tout sens du nord au sud, du sud au
nord, du levant au couchant, et du couchant au levant,
c'est parce que la réunion du gaz peut être disposée en
tout sens , et que se trouvant entre les nuages et les
corps célestes , elles ne peuvent leur porter aucun obstacle ni en recevoir; elles sont entièrement libres dans
leurs mouvements ; elles ne peuvent quitter leurs sphères
dans lesquelles elles sont assujetties par le seul fluide qui
leur soit convenable. C'est donc à la honte de l'esprit
humain que quelques philosophes ont prétendu que
quelques-uns de ces amas gazeux avaient tellement ap-
proché du soleil, qu'en le heurtant ils en avaient détaché des éclats ; que ces éclats formaient les planètes,
au rang desquelles ils ont mis la terre et la lune. C'est
ainsi que l'on était parvenu à faire de l'apparition des
comètes l'objet de la terreur du facile vulgaire, en lui
annonçant que si la comète s'approchait trop près de la

terre, elle pourrait la noyer dans sa longue queue, ou que si elle s'approchait du soleil, elle pourrait le briser en éclats, et faire, par là, rentrer la nature dans le néant. De là sont venues les sinistres préventions qu'elles inspirent encore à quelques personnes, quoiqu'elles n'aient pour cause qu'une surabondance de gaz nuisible, et d'effet que celui d'en décharger l'atmosphère lentement et paisiblement en récréant nos esprits légers par un spectacle élégant et grâcieux.

Dictionnaire Historique, au mot *Turrien.* C'est Turrien qui observa cette comète, qui en 1558 fut si brillante en Espagne, et qui ne fut pas vue ailleurs, ce qui rend très-incertaine l'élévation qu'on attribue communément à ces astres, et achève de répandre des doutes sur leur retour périodique.

Halley, Hevelius sont du même avis. Berthier, Goussier, Marcviz représentent les comètes comme des tourbillons lumineux et éphémères.

Clairiaule, Guglielmini partagent cet avis.

Car les comètes ne sont que des globules de gaz enflammés, des météores fortuits et passagers qu'il est impossible de prévoir. Bernardin de Saint-Pierre dit aussi que les longues queues des comètes sont dues à l'électricité. *Harm. de la nat.*, t. 2, p. 56.

Bien loin qu'aucune d'elles ait pu, en heurtant le disque du soleil, en détacher des éclats qui ont formé la lune et la terre, le moindre souffle les disperserait en millions d'étincelles.

Ainsi donc, braves humains, bannissez vos terreurs à

l'apparition des comètes; car, moins à craindre qu'un *formica-leo*, elles ne donnent point la mort pour assouvir leurs besoins; leur innocence égale leur fragilité.

§ V.

LES PLANÈTES.

Les planètes sont, comme la lune, des corps parfaits, ayant un noyau opaque par lui-même, mais qui paraît être d'une matière solide et assez compacte pour réfléchir la lumière du soleil ; elles ont beaucoup d'analogie avec la lune : elles lui sont supérieures, et analysent en dernier lieu le fluide qui doit servir d'aliment aux feux du soleil et des étoiles. Elles présentent les mêmes phases que la lune, et comme elle, elles parcourent l'écliptique d'un tropique à l'autre : ce qui prouve bien que ces corps n'ont pas les mêmes fonctions que les étoiles qui se lèvent et se couchent toujours aux mêmes points du ciel. De tous les globes lumineux par eux-mêmes, le soleil est le seul qui fasse exception à la règle générale, c'est-à-dire qui parcoure toute l'étendue de l'écliptique : cela ne doit pas paraître étonnant, lorsque l'on considère l'immense quantité de fluide nécessaire à l'aliment de ses feux. Il est d'ailleurs le seul dont les feux soient indispensables pour animer la nature, et s'il restait toujours dans le même lieu, il ne trouverait pas de fluide à suffire, et les seuls climats de la terre, voisins de son cours, seraient vivifiés ; il est donc indispensable, et pour lui-même et pour la terre, qu'il voyage sans cesse d'un pôle à l'autre. Quelques-unes des planètes sont accompagnées de satellites, ou lunes secondaires, qui ne les abandonnent point, et paraissent destinées à les aider à distiller l'immense quantité de fluide dans laquelle elles nagent. Vénus et Mercure, qui se trouvent entre la lune et le soleil, distillent en dernier lieu le fluide qu'il doit consommer; les autres planètes supérieures au soleil analysent celui qui sert d'aliment aux feux des étoiles : ces globes sont de matière beaucoup plus dense mais plus légère que la lune, raison pour laquelle elle se soutient dans un air plus rare : en cela nous ne partageons point l'avis des astronomes qui leur attribuent des volumes immenses et un poids excessif, tels qu'ils se trouvent consignés dans l'*Encyclopédie portative*, partie *astronomique*, page 155, dont nous copions le tableau. Nous avons dit plus haut que le soleil avait trois cent trente mille lieues de diamètre, et, d'après ce tableau, les astronomes ne lui en comptent que trois cent quinze mille; mais comme la terre est généralement réputée avoir trois mille lieues de diamètre, et qu'ils nous disent, page 104, que le diamètre du soleil est égal à cent dix fois celui de la terre, nous avons cru pouvoir le porter à trois cent trente mille.

NOMS des ASTRES.	TEMPS des révolutions.		DISTANCES du soleil en lieues.		VITESSE du mouvem par minute en lieues.	DIAMÈTRES en lieues.	VOLUMES comparés à celui de la terre.		MASSES comparées à celle de la terre.	
	jours.	heur.	milli.	mille			millions.			
Le Soleil...	»		»		»	315,000	1,328,460		337,000	
Mercure ...	87	23	13	361	653	1,130	0,	1	0,163	
Vénus.....	254	16	25	000	485	2,787	0,	88	0,924	
La Terre...	365	5	54	500	412	2,663	1,	»	1,	»
Mars......	686	22	52	613	329	1,582	0,	2	0,130	
	ans.	jours.								
Vesta.....	3	66	81	530	»	»	»		»	
Junon.....	4	128	91	278	»	475	»		»	
Cérès.....	4	210	95	522	252	542	»		»	
Pallas.....	4	220	95	892	»	700	»		»	
Jupiter....	11	515	180	000	178	45,121	1,470,	»	309,	»
Saturne....	29	161	329	200	132	27,329	887,	»	94,	»
Herschell ..	83	29	662	000	93	12,200	77,	»	16,	9
La Lune ..	27 j. 17 h.		»	085	14	782	0,1146			2

Résumons un peu ce singulier tableau.

Les astronomes viennent nous dire, le soleil a 315,000 lieues de diamètre; nous le voyons d'une distance égale à 100 fois son étendue, et il nous paraît avoir à peine un mètre de largeur.

La lune n'a que 782 lieues de diamètre, c'est 400 fois moins large que le soleil, et elle nous paraît plus grande que lui quoiqu'elle soit également vue d'une distance égale à 100 fois son volume.

N'est-il pas de la dernière évidence que si ces deux globes avaient les dimensions qu'on leur attribue, et puisqu'ils sont vus d'une distance égale et proportionnelle, la lune ne devrait pas nous paraître avoir 2 pouces de diamètre comparativement à la petitesse apparente du soleil; et que lorsqu'elle passe sous le disque du soleil elle ne devrait éclipser que la 400ᵉ partie de celui-ci, tandis qu'elle l'éclipse tout entier à moins d'un centième près.

Vénus a deux mille sept cents lieues de diamètre ; elle est quatre fois aussi étendue que la lune ; à peine est-elle visible sur le disque du soleil ; elle semble être auprès de la lune de la grosseur d'un œuf de pigeon, et cependant elle a quarante fois autant de volume ; elle fait sa révolution en vingt-trois heures, et elle est à plus de vingt-cinq millions de lieues de la terre.

Mars n'a que quinze cent quatre-vingt-douze lieues de diamètre ; il paraît tout aussi gros que Vénus, et fait sa révolution en vingt-quatre heures, quoiqu'il soit à plus de cinquante millions de lieues de la terre.

Jupiter a trente-trois mille lieues de diamètre ; il paraît plus petit que Vénus ; il est à cent quatre-vingts millions de lieues de la terre, et cependant il fait sa révolution en dix heures à peu près. Il est quinze cents fois plus gros que la terre.

Système singulièrement bizarre, car il établit que toutes ces planètes sont beaucoup plus grosses que la lune, et cependant c'est elle qui les éclipse toutes, même le soleil qui est quatre cent vingt fois plus étendu qu'elle. Ce qui nous étonne le plus, c'est de voir que des hommes aussi instruits que les auteurs de l'*Encyclopédie portative* aient porté la faiblesse et la condescendance jusqu'à publier de telles bizarreries dans un ouvrage sérieux.

Et pour complément de faiblesse, nous prenons,

dit Condillac (*Art de raisonner*, chap. 10), la balance, et nous pesons (il paraît qu'il avait le bras long); nous comparons le poids de la matière qui compose le disque de Mercure à celui de l'argent, Vénus à la mine de fer, Mars aux pierres gemmes, Jupiter aux matières gazeuses ou liquides. Comment se fait-il que Condillac, homme d'ailleurs de beaucoup de mérite, ayant des connaissances très-étendues, sachant la cause de l'ascension des ballons, ayant des yeux pour voir le ciel, et l'Europe pour promenade, se soit amusé à ces indignes rêveries?

Car l'on sait que plus on approche de la terre, plus son atmosphère est dense, et peut par conséquent supporter un poids plus lourd; que plus on s'en éloigne, plus l'air est léger et subtil, ce qui le mettrait dans l'impossibilité physique de pouvoir soutenir des volumes aussi prodigieux, des masses aussi pesantes; car, autant que possible, il faut rendre raison du tout par le moyen des lois physiques, autrement ce serait supposer que Dieu aurait fait une œuvre pour en être l'esclave assidu. Ne répugne-t-il pas, d'ailleurs, à la raison de croire que si une vingtaine de planètes, du volume qu'on leur suppose, circulaient dans l'espace, au milieu de plus de vingt millions d'étoiles qui existent, il y aurait sans cesse dérangement d'harmonie causé par les chocs perpétuels de ces corps auxquels il serait impossible de ne pas se heurter à chaque instant. La vitesse du mouvement qu'on leur attribue, occasionnerait seule une révolution dans le fluide qui bouleverserait tout. En parlant du mécanisme céleste, nous ferons voir la faute mathématique qui a été cause de toutes les erreurs des astronomes relativement aux volumes des corps célestes et à leurs distances de la terre , car, excepté le soleil et la lune , il n'est pas un des autres corps célestes qui ait une demi-lieue de diamètre et soit éloigné de la terre de dix mille lieues.

§ VI.

LES ÉTOILES.

Briller d'une lumière vive et douce , décorer la voûte céleste avec grâce et majesté, dissiper jusqu'à un certain point les ténèbres de la nuit et les sinistres impressions qu'elles font naître, enfin, enflammer le gaz inflammable qui s'élève aux dernières limites de l'atmosphère terrestre : tels sont les attributs et les fonctions des étoiles ; confusément éparses dans l'immensité des cieux où elles semblent jetées au hasard, leur harmonie et l'ordre invariable qu'elles observent excitent notre admiration ; diminutifs de ce flambeau magnifique qui sème la vie, dispense les jours , les saisons et les ans, elles sont comme lui des soleils lumineux par eux-mêmes. Mais, à volume égal, elles sont beaucoup plus légères et circulent dans un air beaucoup plus délié ; elles sont chargées d'enflammer le gaz qui s'élève aux dernières limites de l'atmosphère terrestre : elles ne peuvent non plus quitter leurs sphères, parce qu'ailleurs elles ne trouveraient pas de gaz convenable à leur nature ; elles scintillent plus ou moins, et répandent une flamme ou plus pâle ou plus animée , selon le genre du gaz qu'elles détruisent, car il en est des gaz comme des autres productions de la nature qui sont variées à l'infini : si tous

les êtres qui habitent les eaux, l'air ou la terre avaient
le même genre de matière pour aliment, leur nombre ne
pourrait être aussi grand ; comme les uns font leur substance de ce qui ne pourrait convenir aux autres, ils
peuvent exister en très-grand nombre à la fois ; il en est
de même des corps célestes qui sont en nombre d'autant
plus grand que leur espace est immense, et qu'ils n'absorbent pas tous le même genre de fluide.

Les étoiles sont principalement distinguées des planètes, en ce que celles-ci, comme nous l'avons dit,
parcourent toute l'étendue de l'écliptique, c'est-à-dire
que, comme le soleil et la lune, elles vont constamment
d'un pôle de la terre à l'autre, tandis que les étoiles sont
comme consignées dans la même place, se levant et se
couchant toujours aux mêmes points du ciel, et tel qu'il
arriverait si le soleil était toute l'année dans l'équateur.

Celles qui sont vers les pôles sont moins volumineuses,
et, en général, moins brillantes que celles qui se trouvent dans l'écliptique ; d'abord, comme nous l'avons déjà
dit, le gaz y est moins abondant, et ensuite moins pur,
puisqu'il ne s'y trouve aucune planète qui en fasse l'analyse.

Ces corps sont assujettis dans les limites qu'ils occupent par les deux plus impérieuses de toutes les lois, qui
sont la force et le besoin ; par la force, en ce qu'ils sont
attirés par le fluide qui seul en dirige le cours ; et par le
besoin, en ce qu'ils ne peuvent que là où ils sont
recueillir le genre de gaz propre à leur faculté inflammable.

Comme l'atmosphère de la terre forme tout à l'entour d'elle une seconde boule, ou plutôt une enveloppe de boule , et qu'elle s'élève uniformément de tous ses points (1), les corps célestes attachés à cette enveloppe sont forcés de décrire des cercles et non des ellipses. Comme ils sont tous dans le même plan, et qu'ils ne passent pas tous au sommet de l'enveloppe, les uns en décrivent de plus petits et les autres de plus grands. Ceux qui ont pour centre celui de l'équateur décrivent les cercles qui embrassent l'atmosphère la plus étendue ; ceux, au contraire, qui approchent des pôles ont des circonférences moins étendues à parcourir, puisque l'enveloppe atmosphérique a subi la même sphéricité que la terre.

Pour se figurer la disposition des étoiles autour de la terre, il n'y a qu'à se représenter une boule d'un pied de diamètre, entièrement couverte de cercles de fil de laiton, tous placés dans le même plan, et appliqués exactement sur la surface de la boule; ceux des cercles qui formeront l'équateur de la boule seront les plus grands, et ceux qui seront des deux côtés iront toujours en diminuant à mesure qu'ils approcheront des pôles de la boule, de manière que ceux qui seront appliqués aux pôles ne seront que des points , n'ayant que peu ou point de circonférence. Il en est de même des étoiles qui circonscrivent notre atmosphère. L'étoile polaire, qui forme la queue de la petite ourse, est précisément dans ce dernier cas ; elle parcourt si peu d'espace qu'elle paraît comme immobile ; mais les constellations de la grande ourse ou du chariot, Cassiopée, la girafe, Céphée, le dragon, qui sont des étoiles circompolaires, décrivent de plus grands cercles. En approchant vers l'équateur, c'est-à-dire dans l'écliptique, paraissent Rigel, les gémeaux, le lion, l'aigle, Andromède, le taureau, le brillant Sirius, la balance, et autres qui décrivent des cercles de la plus grande étendue, parce qu'elles enveloppent l'atmosphère de l'équateur.

Ces globes se soutiennent d'autant plus facilement dans ces hautes régions, qu'ils paraissent n'avoir pas de noyau et êtres des globules purement gazeux que l'on pourrait assimiler à de très-légers ballons, ou à ces feux follets, qui, sur la fin de l'automne, parcourent les plaines pendant la nuit, flottant à la surface de la terre. Les auteurs de l'*Encyclopédie portative*, partie *astronomique*, pages 70 et suivantes, disent : « Que les étoiles » paraissent être des soleils semblables à celui du jour ; » qu'elles n'offrent aucun diamètre, même à l'aide des » meilleurs télescopes, qui grossissent prodigieusement » les objets. » Comment se fait-il que le soleil, que l'on dit avoir trois cent trente mille lieues de diamètre, et n'être éloigné de la terre que d'une distance égale de cent dix fois l'étendue de son volume, ne nous paraîtrait pas avoir la cent millionième partie du volume qu'on lui annonce, tandis que les étoiles qui n'ont pas de noyau fixe, et dont les globules n'ont peut-être pas deux pieds de diamètre, se voient à des milliards de milliards de fois l'étendue de leurs volumes ?

Les mêmes auteurs, page 12, disent : « Comment

» concevoir que nous puissions connaître plus exactement
» l'espace qui sépare la lune de la terre, que la longueur
» de la route de Paris à Pétersbourg. » Plus bas, en
parlant des étoiles : « *Car nous pouvons prouver que les plus*
» *voisines de nous sont au moins à trois mille cent soixante-six*
» *milliards de lieues*, et la plupart ne sont visibles que
» par la lumière qu'elles ont émise il y a *au moins trente*
» *ans* (2), lumière qui néanmoins parcourt soixante-huit
» mille lieues par *seconde* (notez qu'il y a soixante secon-
» des dans une minute, ce qui ferait plus de quatre mil-
» lions de lieues par minute, tandis qu'un boulet de canon
» ne franchit que sept lieues à la minute, et encore nous
» trouverons qu'il va bien vite). »

Page 73 : «La distance des étoiles est donc celle de
» l'orbite terrestre (soixante-neuf millions de lieues),
» multipliée par deux cent mille, c'est-à-dire treize
» mille huit cent milliards de lieues : encore cette distance
» n'est-elle point la véritable, et nous pouvons seulement
» *affirmer qu'en deçà de ces limites* ne se rencontre aucune
» étoile. »

Comment concevoir un tel langage? Cassini, *Éléments*
d'astronomie, page 65, nous dit que l'on a vu des étoiles
qui, après un éclat extraordinaire, disparaissaient tout à
coup pour ne plus se montrer; d'autres fois qu'on en a
vu *au-dessous* de la lune; qu'on en voit même souvent en
plein jour.

Condillac, *Art de raisonner*, chap. 10, dit qu'avec les
télescopes qui grossissent un million de fois les objets,
elles paraissent plus petites qu'à l'œil nu, et que c'est

moins leur volume qui les rend sensibles que l'éclat de leur lumière. Et des hommes ont eu la faiblesse de dire que, comme le soleil, chacune d'elles est un centre d'un monde qu'elle gouverne! bien entendu avec tous ses accessoires. Grand Dieu! que de mondes, de terres, de lunes et de planètes dans la tête des astronomes!

Cependant, ici, l'évidence de fait vient encore prouver d'une manière irrécusable l'erreur des astronomes.

Car toutes les étoiles fixes, sans exception, tant celles circompolaires qui ne décrivent que de moyennes et petites circonférences, que celles qui sont dans l'écliptique et qui décrivent des cercles journaliers, dont la circonférence est au moins le double de celles que décrivent les circompolaires, emploient les unes et les autres vingt-trois heures 56 minutes à décrire leurs révolutions diurnes; c'est ce que les astronomes appellent le jour sidéral, et qui par conséquent est de 4 minutes plus court que le jour solaire.

De manière qu'en 15 jours une étoile a devancé son pas, sur celui du soleil, d'une heure de marche, ce qui fait deux heures par mois, et vingt-quatre heures par an; il en résulte que chaque année le soleil fait 365 fois le tour de la terre, et toutes les étoiles, sans exception, le font 366 pendant le même temps.

Ainsi n'importe quel jour de l'année, on aura remarqué le lieu où se trouve une étoile; l'année suivante, au même jour et à la même heure, on la verra de nouveau, au même point du ciel; tandis que si on l'observe 15 jours de suite, le 15e jour, à la même heure qu'elle aura été remarquée le 1er jour, on trouvera qu'elle aura avancé d'une distance égale à une heure de marche.

Or, puisque les astronomes viennent nous dire que les étoiles circulent, dans l'espace, avec une rapidité immense, il faut donc que le soleil circule dans l'espace, avec une rapidité égale, à celle des étoiles, à un 360e près, puisque chaque jour le soleil ne retarde son pas sur celui des étoiles, que de 4 minutes, qui correspondent à un degré, ou un 360e de la circonférence du cercle; et au bout d'un an ou 360 fois 4 minutes, une étoile a gagné un tour entier, sur la marche du soleil, et alors ils se retrouvent tous deux aux mêmes points du ciel, où ils étaient l'année précédente, à la même heure.

Il est donc certain que tous les corps célestes circulent à l'entour de la terre, dans le même sens, et que le plus ou le moins de temps que chacun d'eux emploie à parcourir son cercle journalier, ne vient que du plus ou du moins d'obliquité qu'il donne aux contours de son spiral; si les étoiles emploient le moins de temps dans leurs révolutions diurnes, c'est parce que seules elles décrivent des cercles parfaits, qui commencent et finissent toujours aux mêmes points du ciel; si le soleil retarde de 4 minutes par jour son pas sur celui des étoiles, c'est parce que l'espace qu'il met entre le cercle ou la route d'un jour, et celle du jour suivant, allonge sa marche de 4 minutes de temps ou un 360e de cercle. Et si, comme les étoiles, il se levait et se couchait tous les jours aux mêmes points, il se trouverait toujours marcher d'accord avec les étoiles, et nous ne verrions que la moitié des étoiles, puisqu'il y en aurait la moitié qui occuperaient notre hémisphère pendant le jour, et qu'on ne verrait pas, et l'autre moitié qu'on verrait toujours la nuit.

Si la lune retarde chaque jour son pas de 50 minutes sur celui du soleil, c'est parce que l'espace qu'elle met entre sa route d'un jour et celle de l'autre, prolonge sa marche d'une distance égale à un 28e de la circonférence d'un cercle du soleil, ou 13e, de manière qu'en 28 jours elle a retardé son pas sur celui du soleil d'une distance égale à un cercle entier, et le soleil se trouve l'avoir rejointe, et se trouve avec elle sur le même méridien. C'est le vrai motif pour lequel nous avons nouvelle lune tous les 27 jours 17 heures à peu près.

Dans le tableau que les astronomes actuels ont fait sur les planètes et que nous avons précédemment copié, ils nous disent que la lune parcourt 14 lieues à la minute; si la lune parcourt 14 lieues à la minute, le soleil et les étoiles doivent en parcourir autant dans le même sens, puisque si, chaque jour, ils la devancent tous, cela ne vient que du plus ou du moins d'obliquité qu'ils donnent aux contours de leurs spirales; et que si les cercles qu'elle décrit étaient aussi parfaits que les leurs, ils marcheraient tous parfaitement d'accord; c'est là un fait que nous défions tous les astronomes du monde de pouvoir démentir.

N'est-il pas évident que si ces vingt millions d'étoiles,

au moins, étaient placées à des milliards de lieues de la terre, il faudrait qu'elles fussent, pour nous être visibles, des milliers de fois aussi volumineuses que la terre, et qu'elles parcourussent des millions de lieues à la minute, pour finir leur cours en vingt-quatre heures environ, comme elles le font; qui pourrait soutenir de pareilles masses, les mettre en action et en conserver l'ordre? Où trouver un aliment capable d'entretenir ces prodigieux foyers en incandescence? Les étoiles de chaque constellation ne seraient-elles pas à des millions de lieues les unes des autres? Ce petit groupe d'étoiles que l'on nomme les *pléiades* ou *la poussinière*, qui semblent se toucher dans leur mouvement scintillant, seraient donc séparées entre elles par des millions de lieues, et les étoiles qui composent la constellation de la grande ourse, par des milliards de lieues, c'est ce que l'on doit juger par analogie.

Quelle loi pourrait les enchaîner à de pareilles distances, et les faire observer, entre elles, invariablement le même ordre.

Il est humiliant pour la raison humaine que quelques personnes aient considéré les étoiles comme des soleils qui sont centre d'un monde qu'elles gouvernent, et les planètes comme notre terre, des globes habitables et habités. Est-il croyable que tant de globes prodigieux puissent, à des distances énormes, circuler avec ordre dans l'immensité des cieux, au milieu d'un fluide qui ne pourrait supporter une plume (3)?

Potentats, grands de la terre, soyez fiers de vos titres

brillants ! car, après Dieu, vous êtes seuls souverains dans l'univers ! Ces prétendus mondes planétaires n'ont jamais existé que dans l'imagination de quelques philosophes. Celui sur lequel vous régnez avec tant d'éclat est l'unique de la nature entière : ces légers globes qui circulent avec tant de grâce dans les cieux, composent le cortége du maître du tonnerre, qui les a ainsi disposés dans l'intérêt de la terre, dont ils sont les esclaves parasites.

⎯⎯•••⎯⎯

NOTES DU § VI.

(1) Buffon, tome 8, page 415, dit : « Les émanations continuelles » de la chaleur intérieure du globe de la terre s'élèvent perpendiculaire- » ment à chaque point de sa surface ; elles sont bien plus abondantes à l'é- » quateur que dans toutes les autres parties du globe. Assez nombreuses » dans nos zones tempérées, elles deviennent nulles ou presque nulles » aux régions polaires, qui sont couvertes par la glace ou resserrées par » la gelée. »

Sigaud-Delafond, t. 3, p. 250 à 260, dit : « que l'air atmosphérique » contient quantité d'émanations végétales et quantité de parties tirées » du règne animal et de substances minérales. » C'est dans les hautes régions que cet air s'analyse : les parties inflammables s'élèvent dans les cieux, et le surplus redescend avec les pluies et est rendu aux diverses productions de la nature, qui s'emparent de celles qui leur sont homogènes.

(2) Si par une belle soirée je m'avisais de demander à un être pensant comment il appelle ces petits points lumineux qui sillonnent les régions supérieures de l'air avec tant de régularité, il me répondrait sur-le-champ que ce sont des étoiles ; si j'avais la manie de lui dire qu'il est dans l'erreur, que c'est seulement la trace lumineuse d'autant d'étoiles qui ont

passé là il y a plus de trente ans, il aurait raison de dire que je suis un pauvre aliéné à qui il est bien plus urgent d'accorder un brevet de pension aux petites maisons qu'une carte d'entrée à l'académie, car un tel raisonnement ne peut être considéré que comme une dérision, s'il ne part d'un aliéné.

(3) Les corps célestes sont réellement dans l'atmosphère ce que les poissons sont dans l'eau; c'est leur élément; ils y circulent comme un poisson nage dans l'eau; ce fluide est de l'essence de leur existence. Leur vide intérieur est leur vessie natatoire à l'aide de laquelle ils se trouvent spécifiquement plus légers que l'air dans lequel ils sont plongés.

§ VII.

LES AURORES BORÉALES.

Les aurores boréales sont des phénomènes aussi intéressants pour le philosophe attentif à examiner les opérations de la nature qu'ils sont curieux pour celui qui ne voit que les effets. C'est auprès des pôles, et principalement du pôle arctique, qu'ils se font remarquer sur la fin de l'automne et pendant l'hiver. Les autres parties de la surface de la terre sont privées de leur apparition.

Voici seulement ce qu'en ont dit les auteurs de l'*Encyclopédie portative*, partie *astronomique*, page 200 :

« Les aurores boréales ne sont point du domaine » de l'astronomie : ces lueurs très-fréquentes, qui apparaissent dans le ciel vers les pôles, sont des effets électriques de notre globe; ainsi l'étude de leurs apparences appartient à la météorologie. »

L'abbé Delille, note cinq du chant premier de ses *Trois règnes de la nature*, en parle ainsi : « L'aurore » boréale est un de ces brillants phénomènes naturels » dont la cause ne nous est pas bien connue. Elle appartient aux régions septentrionales du globe terrestre; » c'est là qu'elle se montre fréquemment dans toutes les » saisons et sous toutes les formes; souvent basse et » tranquille, étendue sur l'horizon, comme un nuage ou

» comme une fumée légère, ayant la forme d'un arceau
» plein qui comprend plusieurs arcs, alternativement
» obscurs et lumineux, de différentes teintes de lumière
» et de couleurs, on croirait, et cette opinion est vrai-
» semblable, que cet arceau n'est qu'une partie d'un
» nuage plus étendu au-dessous de l'horizon, ayant, si on
» le voyait dans son entier, la forme d'une calotte de
» sphère, dont le milieu correspond à un point de la
» surface de la terre voisin du pôle.

» Quelquefois ce nuage circulaire occupe une grande
» étendue ; d'autres fois, son rayon est très-petit. Dans
» tous les cas, le phénomène est visible pour les lieux
» dont l'horizon coupe le nuage. Selon le rapport de plu-
» sieurs voyageurs et des savants observateurs, les auro-
» res boréales basses et tranquilles sont d'autant plus
» fréquentes que l'on est plus près du pôle. Au Groen-
» land, en Norwége, au pays des Samoyèdes, on en voit
» très-fréquemment ; tandis qu'en Allemagne, en Hol-
» lande, en France et dans les autres pays méridionaux,
» on n'en soupçonne pas l'existence.

» Lorsqu'il se prépare une aurore boréale qui doit
» déployer toute la richesse et la splendeur du phéno-
» mène, le nuage se montre avec un très-grand diamètre;
» son arc, au-dessus de l'horizon, comprend au-delà du
» quart du cercle entier, même lorsqu'il est vu de
» France, et s'élève presqu'à la hauteur du pôle. Les
» arcs déjà lumineux, paraissent s'enflammer; les plus
» obscurs s'éclaircissent; enfin le nuage s'ouvre : il en
» sort des jets de feu, des gerbes, des colonnes, des

» poutres de flammes qui s'élancent vers le zénith et de
» tous côtés ; les régions du ciel septentrional sont inon-
» dées de feux de diverses couleurs, jaune, rouge-san-
» glant, rougeâtre, bleu, violet : la terre semble mena-
» cée d'un vaste incendie. Les habitants de la zone gla-
» ciale sont environnés de flammes qui embrasent le ciel
» dans presque toutes ses parties ; mais, accoutumés à ce
» spectacle, effrayant pour les peuples du midi, les
» Lapons, les Groenlandais, les Kamtschadales n'en
» sont point émus. Les Groenlandais, qui font jouer aux
» boules les âmes heureuses dans les Champs-Élysées,
» croient que ces grandes scènes de la nature sont les
» danses de ces mêmes âmes.

» La matière de l'aurore boréale paraît avoir son
» siége dans l'atmosphère, à des hauteurs considérables ;
» c'est du moins l'opinion de plusieurs savants ; mais il
» faut pour cela supposer que l'air s'étend bien au-delà
» des limites qu'on lui assigne ordinairement. La même
» aurore ayant été vue à Pétersbourg, à Naples, à Rome,
» à Lisbonne et même à Cadix, et dans les lieux inter-
» médiaires. M. Demairan, dans son *Traité de l'aurore*
» *boréale*, trouva qu'elle était éloignée de la terre, en
» ligne verticale, au moins de cinquante-sept lieues trois
» quarts, et probablement beaucoup plus, puisqu'il
» estime que ces phénomènes ont ordinairement entre
» cent et trois cents lieues d'élévation.

» L'aurore dont nous parlons semble appartenir au
» pôle septentrional du globe ; mais le pôle du midi a
» aussi les siennes : des voyageurs savants les ont obser-

» vées. L'existence des aurores australes paraît aussi
» certaine que celle des aurores boréales. Ce phéno-
» mène serait-il donc une dépendance du mouvement de
» la rotation de la terre ? »

Cette note renferme une description brillante du phénomène; seulement l'auteur ne parle pas du craquement
ou pétillement que produisent ces feux pendant leur
incandescence; peut-être l'ignorait-il, ou plutôt il n'aura
pas cru devoir en parler.

Voici un paragraphe de la note suivante, du même
auteur :

« Il est pareillement impossible de ne pas rejeter
» l'opinion de ceux qui, regardant les aurores comme
» des météores fortuits, passagers, formés dans l'atmos-
» phère par la réunion de certaines exhalaisons terres-
» tres, grasses, sulfureuses, inflammables ou lumineuses,
» supposaient assez gratuitement, qu'après avoir été
» poussées par la pesanteur de l'air inférieur dans des
» régions extrêmement élevées, ces exhalaisons finis-
» saient par s'enflammer successivement, et se montrer
» dans de longues traînées de flammes et de lumière.
» Trop de raisons, puisées dans l'examen du phénomène,
» dans l'éloignement, dans la position géographique
» constamment polaire des régions où il se déploie,
» s'opposent invinciblement à l'adoption du système. »

L'auteur de la note ne partage pas l'avis des personnes
qui ont émis cette idée ; nous pensons qu'ils méritaient
être traités plus favorablement, parce que cette opinion
ne peut venir que de physiciens pleins d'une saine logique.

Le dernier alinéa de la même note contient ce qui suit :

« Les progrès qu'a faits l'électricité dans le siècle
» dernier paraissent avoir mis les physiciens sur la route
» qui conduit aux causes physiques de l'aurore boréale.
» Déjà plusieurs apparences annoncent que les fusées,
» les jets, les nappes de lumière de l'aurore, sont les
» courants d'électricité qui se meuvent dans l'air très-
» raréfié des régions élevées de l'atmosphère ; mais,
» suivant quelques lois naturelles, par quel procédé méca-
» nique le fluide électrique se rassemble-t-il constamment
» près les pôles de la terre, plutôt que vers l'équateur ou
» dans d'autres régions ? On sera long-temps, sans
» doute, à trouver la réponse à cette question. Il con-
» viendra même, pour ne pas renouveler l'histoire de la
» dent d'or, de faire voir auparavant, par des expérien-
» ces incontestables, que la matière de l'aurore ne dif-
» fère pas de l'électricité. C'est aux physiciens du nord
» à tenter ces expériences, et jusque-là nous devons
» considérer comme inconnues les causes de ce beau
» phénomène. »

Ici l'auteur semble embrasser l'opinion qu'il vient de
combattre, il n'en diffère qu'en ce qu'il attribue la naissance des aurores à l'électricité ; tandis que ceux dont il
nous rapporte l'avis, l'attribuaient aux exhalaisons terrestres, sans les désigner particulièrement.

M. Demairan, dont il parle ensuite, l'attribue à l'atmosphère du soleil qui se serait portée, on ne sait comment, vers les pôles.

Nous n'avons rien à ajouter à la description aussi

complète que brillante du phénomène ; l'auteur avait
des talents trop supérieurs aux nôtres pour que nous
l'eussions faite pareille. L'objet de nos recherches est
seulement d'expliquer la cause réelle de son existence
et le motif pour lequel il est impossible qu'il prenne
naissance dans les zones torride et tempérées. Tandis
que le voisinage des pôles doit nécessairement en produire.

Les aurores boréales ont réellement pour cause le gaz
inflammable qui s'élève sur la surface des mers et de la
terre, vers les pôles. Si ce gaz avait été analysé par la
lune, il continuerait son ascension dans les cieux pour
devenir l'aliment des feux du soleil et des étoiles; mais
comme il s'élève perpendiculairement, ou au moins dans
une direction très-inclinée au plan des cercles que la lune
décrit, cette dernière ne peut donc s'en emparer et en
faire l'analyse. Il y a moins d'électricité vers les pôles
qu'ailleurs, parce que le froid en empêche les émanations, la terre y est inculte, et en grande partie couverte d'eaux. Cependant les poissons, et surtout les
cétacées, qui produisent beaucoup d'huiles inflammables,
y sont d'autant plus nombreux qu'ils ne trouvent d'asile,
pour se garantir de la cupidité humaine, que sous les
glaces des pôles, où ils sont retirés en foule; et c'est là
que pour en faire la conquête, au milieu des écueils flottants et des brumes, notre industrieuse ambition court
braver la mort en affrontant les dangers. Les émanations
du soufre, très-abondant sur ces terres glacées, doit
aussi contribuer à la matière de ces feux aériens.

La faible portion de ce gaz qui s'analyse assez dans l'atmosphère, pour s'élever dans les plus hautes régions, sert à alimenter le feu des étoiles circompolaires, le surplus qui est imprégné d'une trop grande quantité de matière hétérogène, est forcé par son propre poids de rester en stagnation dans l'atmosphère intermédiaire, où la présence du soleil suffit pour le maintenir en dilatation. Mais au retour de l'automne, lorsque le soleil abandonne ces climats pour aller vivifier le pôle du sud, ces amas d'exhalaisons, privés de calorique, finissent par se condenser et fouler l'atmosphère inférieure qui, au moment du contact, en excite l'embrasement.

Buffon, tome 8, pag. 416, dit que les courants électriques qui s'élèvent des pôles se resserrent, et en se condensant peuvent devenir lumineux ; c'est la vraie cause de ces incendies que l'on regardait autrefois comme des incendies célestes, et qui ne sont néanmoins que des effets électriques auxquels on a donné le nom d'aurores polaires. Elles sont plus fréquentes dans les saisons de l'automne et de l'hiver.

Il dit que M. le comte de Lacépède a publié un mémoire en 1778, dans lequel il dit que les aurores boréales ont pour cause l'électricité qui se ramasse dans les contrées polaires. Le docteur Franklin a publié un mémoire dans lequel il émet la même opinion.

Tous ces auteurs prétendaient que l'électricité, pour produire ces phénomènes, s'élançait de l'équateur vers les pôles; en cela ils étaient dans l'erreur, car quelque froid qu'il fasse aux pôles, la surface des mers où four-

millent les cétacées, est si couverte d'huile que l'on pourrait y mettre le feu ; la sécheresse de l'air doit donc
soulever une grande quantité de ces huiles, et surtout la
portion la plus volatile ; une fois disséminées dans l'espace, ces vapeurs doivent nécessairement produire un
effet ; et comme elles ne peuvent s'élancer jusqu'aux
tropiques, elles restent dans leurs zones, où, dilatées à
l'extrême, elles finissent par s'enflammer et produire ces
phénomènes. Si elles étaient, comme les vapeurs aqueuses, susceptibles de condensation, elles se rassemble-
raient en masses pour tomber en pluies ou en neiges ;
mais loin de là, plus elles se dilatent, plus elles s'élèvent
et se volatilisent ; leurs globules ou parcelles sont tellement ténus que l'air le plus léger les soutient. Il faut
donc nécessairement que leur accumulation ait un terme.

Si le soleil et la lune, dans leurs contours, enveloppaient la terre dans le sens du nord au sud, ces phénomènes polaires n'auraient pas lieu ; car les rayons du
soleil y devenant plus abondants et plus actifs, soulèveraient les vapeurs terrestres, et par conséquent le gaz
inflammable, dans les hautes régions ; la lune et les
autres planètes en feraient la distillation, ce qui en faci-
literait l'ascension jusqu'au soleil et aux étoiles. Mais alors
les points actuels du levant et du couchant deviendraient
les pôles de la terre, et à leur tour donneraient naissance aux aurores boréales.

Dans leur incandescence, les feux des aurores produisent un craquement ou pétillement, parce que leur
mélange avec les airs ou gaz hétérogènes fait que le feu,

en dévorant ce qu'il y a de réellement combustible, chasse et disperse ce qui n'est pas susceptible de devenir sa proie, avec assez de violence pour occasionner un bruit. Ce gaz, qui d'ailleurs s'élève en grande partie de la mer, est imprégné d'alcali ou matières salines qui, à cause de leur incompatibilité avec le feu, s'y déchirent avec bruit.

Si la matière de ces feux était plus homogène, et qu'elle vînt s'enflammer dans une atmosphère épaisse, elle produirait des détonations effrayantes ; mais comme la combustion a toujours lieu bien au-dessus de la région ordinaire des nuages, il en résulte que ces feux peuvent acquérir un très-grand degré d'expansion sans éprouver d'obstacles, et par conséquent sans produire de détonation.

La variété des couleurs que l'on y remarque vient du mélange de l'électricité avec les émanations du soufre, du bitume, et autre alcalis dont l'analyse n'a pu avoir lieu faute d'alambics ou planètes.

L'Europe et l'Asie méridionales, et l'Afrique entière, ne donnent point naissance aux aurores, parce que les rayons du soleil y ont assez de force pour soulever le gaz inflammable jusqu'aux régions de la lune, et celles dont le pôle austral est témoin, ont pour cause celle qui en procure au pôle boréal.

Voici la cause réelle et directe de l'apparition des aurores boréales : pendant l'été, le calorique solaire dont la terre est pénétrée sur toute l'étendue de l'hémisphère où règne le soleil, compose la puissance répul-

sive ou dilatante qui maintient l'atmosphère en état de
dilatation, et s'oppose constamment à sa concentration
vers la terre. Mais au retour de l'automne, lorsque
l'affluence du calorique solaire diminue à cause de
l'éloignement du soleil, et que celui dont la terre
avait été pénétrée pendant l'été, s'est en grande partie anéanti, les couches inférieures de l'atmosphère,
n'éprouvant plus de répulsion, s'affaissent vers la terre,
et leurs couches supérieures contiguës qu'elles soute-
naient, s'affaissent comme elles ; et comme elles sont
déjà analysées à un certain degré, et par conséquent
composées en grande partie de gaz inflammable, fortement imprégnées de bitume, puisqu'elles sont le produit des émanations des mers polaires, leur affaissement
doit produire leur mélange avec l'air inférieur qui est
loin d'être homogène ; leur différence d'homogénéité
doit rendre leur assimilation laborieuse et difficile ; il en
résulte une effervescence semblable à celle produite par
le mélange de l'acide nitreux et de l'huile de térébenthine ; car l'alcali volatil existe abondamment dans les
couches supérieures de l'air où ses fonctions consistent
à s'emparer de l'humidité qui s'y élève pour la ramener
vers la terre, et la séparer du gaz inflammable qui continue son ascension vers les pôles ou la condensation
est plus parfaite. La fermentation ou effervescence qui
résulte du mélange des couches intermédiaires avec l'air
inférieur, est suffisante pour produire l'inflammation
ou la déflagration de l'air inflammable qui constitue l'aurore boréale ou incendie aérien.

Les différents jets, les colonnes, les nappes de feu qui se développent lors des aurores, sont produits par autant de colonnes d'air supérieures et inférieures qui se pénètrent réciproquement avec plus ou moins d'énergie.

Dans nos climats, la déflagration ou incandescence n'a pas lieu lors des aurores, mais seulement la colorisation plus ou moins caractérisée, parce que nos climats ne sont jamais aussi complètement dépouillés de calorique ou agent répulsif que les climats du nord ; la condensation y est moins considérable, les couches d'air intermédiaires se soutiennent à une plus grande élévation, leur mélange avec les couches inférieures est moins facile, et lorsque les circonstances les forcent à un rapprochement qui en permet la combinaison, l'effervescence en est d'autant moins active que les couches inférieures ne sont pas suffisamment dégagées de leur surabondance d'eau, ce qui s'oppose à la déflagration ou inflammation du fluide qui subit seulement une colorisation plus ou moins vive. Tandis que lorsqu'une colonne d'air homogène ou inflammable se met en contact avec une colonne d'air nitreux, leur combinaison produit une effervescence si active, que leurs molécules se heurtent avec assez de violence pour se briser et produire la déflagration.

La naissance des aurores boréales doit donc être impossible vers l'équateur, où le soleil verse constamment la même quantité de calorique, et où l'atmosphère est toujours dans le même état de dilatation.

Tandis que vers les pôles leur apparition est un indice de l'absence de calorique à la surface de la terre, et une preuve certaine que l'atmosphère est en état de condensation, c'est la raison pour laquelle ces phénomènes ne nous apparaissent que sur la fin de l'automne et au commencement de l'hiver, saison qui les produisent également au Sptizberg et au Groenland, selon le témoignage de Buffon et d'autres voyageurs.

A l'appui de cette opinion nous citerons, 1° l'aurore boréale du mois de novembre 1829, précurseur du long et rigoureux hiver de 1829 à 1830, celle du 17 février 1837, suivie d'un printemps excessivement froid, et celles du 1er septembre, 12, 14 et 15 novembre 1838, suivies du long et sévère hiver de 1838.

De même les aurores boréales qui apparaissent dans les pays du nord, sont toujours avant-coureurs de saisons rigoureuses.

Les froids plus ou moins vifs ne nous viennent pas directement de l'absence du calorique, mais bien de l'affaissement des couches d'air supérieures qui conservent toujours leur même degré de température, parce que le calorique qui s'écoule du soleil vers la terre n'a aucune prise sur elles à cause de leur extrême dilatation, c'est pourquoi l'intensité du froid est toujours en raison de la hauteur qu'occuppait la couche d'air qui descend jusqu'à terre, et plus cette couche d'air était élevée, plus le froid qui l'accompagne est sévère.

C'est par suite de ce même principe que le sommet des hautes montagnes même entre les tropiques est tou-

jours couvert de neiges ou de glaces, parce que constamment plongées dans une couche d'air extrêmement
froide, leur température reste la même ; le calorique ne
subissant pas de réflexion, n'a qu'un simple mouvement
d'écoulement, qui ne suffit pas pour produire la chaleur,
puisque pour produire la chaleur il faut qu'il y ait mouvement d'action et de réaction capable d'exciter l'irritation ou la chaleur.

Pour la colorisation des aurores boréales dans nos
climats, elle est le résultat pur et simple du mélange
d'air inflammable ou flogistique avec l'air nitreux ; or,
comme ces deux couches d'air sont immédiatement
contiguës dans l'atmosphère, il s'ensuit que dès qu'il y a
affaissement, elles s'abaissent ensemble, et le moindre
mouvement de réaction qui s'opère dans l'atmosphère
inférieure suffit pour exciter leur resserrement et leur
mélange, lequel produit la colorisation. Cette colorisation elle-même vient de la grande dilatation que les
fluides éprouvent dans leur effervescence, ce qui les
rend plus propres à réfléchir la lumière et à décomposer
les rayons lumineux.

§ VIII.

L'AIMANT.

Le plus fluide, le plus subtil, le plus pénétrant de tous les gaz, l'aimant, est celui qui est le plus universellement répandu dans la nature. L'eau, l'air et la terre en sont constamment et abondamment imprégnés. Cet agent, aussi actif qu'il est puissant et invisible, se rencontre partout. Les mines de fer disséminées sur les différents points de la surface de la terre en sont des sources inépuisables, des réservoirs immenses. Les végétaux, les poissons, les animaux, la majeure partie des minéraux le produisent dans leur analyse ou décomposition, mais le plus souvent dégénéré en électricité. L'aimant est le grand mobile de la nature; sans lui point de corps célestes, point de mouvement, point de vie. Le feu, la vie, la végétation, la minéralisation lui doivent leur existence, leur conservation. Si, sous les zones torride et tempérées, où la nature le convertit abondamment en électricité, il produit des scènes effrayantes, des effets désastreux, tels que les volcans, les tempêtes, les tremblements de terre, des secousses qui bouleversent des pays, affaissent des montagnes, font surgir des îles, ces maux partiels et accidentels ne sont rien en comparaison des avantages qu'il procure aux peuples qui sont dans le voisinage de ces théâtres de malheur, car ils sont les mieux partagés dans la nature : un printemps presque continuel fait l'objet de leur bonheur, il leur procure des moissons abondantes, des fruits délicieux; les arbres y sont constamment ornés de leur feuillage touffu; les fruits s'y succèdent sans interruption. Ces climats privilégiés sont encore les dépositaires des plus précieux des minéraux : l'or, l'argent, les pierreries, les cristaux, le jaspe, l'albâtre, les plus beaux marbres; les oiseaux qu'orne un plumage varié des nuances les plus brillantes ne cessent pas d'y faire entendre leurs concerts amoureux. Les fleurs plus riches, plus cossues, exhalent les odeurs les plus suaves. Les animaux sont plus vifs, les imaginations plus ardentes. Serait-il donc vrai que les rayons du soleil qui émanent du char de **Dieu** même, seraient empreints de cette force active, de ce génie puissant qui domine tout, et qui le communique-raient en proportion de leur affluence à ceux des êtres qui les reçoivent avec le plus d'abondance; car n'est-ce pas dans les pays chauds où les sciences et les arts ont pris naissance, n'est-ce pas là où le génie de l'homme s'est développé avec le plus de force, lorsque des cir-constances heureuses, des gouvernements doux lui ont permis de prendre son élan? N'est-ce pas là où l'art de la guerre, cette fureur destructive, a commencé à exercer ses ravages avec un héroïsme et une tactique dignes de notre admiration; et si les peuples de ces riches contrées, sont tombés dans l'abrutissement, n'est-ce pas un excès de raffinement de luxe et d'amour-propre?

Entre les tropiques, où l'effet des rayons du soleil est plus puissant, le cours de la végétation n'est point suspendu, le ciel est toujours brillant et pur; tandis que vers les pôles, où la terre est presque généralement couverte d'eau, il se convertit peu d'aimant en électricité. Sur les terres que les eaux laissent à nu, et que des neiges éternelles condamnent à la stérilité, les végétaux et les animaux sont rares ; quelques hommes stupides et difformes y vivent enfouis à la manière des bêtes. Les oiseaux, revêtus d'un plumage uniforme et lugubre, n'y font entendre que des sons rauques et plaintifs. Les manchots, les pingouins, oiseaux dépourvus de plumes et d'ailes, sont constamment balottés par les flots des mers qui environnent ces terres, ou tristement blottis sur d'immenses îles de glaces amoncelées par les vents (1). Les pétrels isolés ou réunis par volées planent silencieusement au milieu de ces mers désolées pour y dévorer les restes de poissons qui ont succombé sous le poids du temps ou la dent meurtrière de leurs ennemis. Ce sont là les derniers parages de la vie et les limites qui la séparent du néant, et ces oiseaux, avec les cétacées, sont les seuls êtres animés qui les fréquentent, en bravant avec courage l'envahissement progressif de ces glaces séculaires. Enfin un ciel triste et toujours rigoureux semble y annoncer l'absence du Dieu de la nature.

Cependant, dans son état de pure nature, l'aimant serait loin de produire autant d'effets; l'inertie serait, pour ainsi dire, son unique apanage ; il est nécessaire que, pour se l'utiliser, la nature le travaille, qu'elle en modifie l'opiniâtre tendance au froid : ce n'est qu'après que la végétation lui a fait subir une opération chimique qu'il se convertit en électricité et devient inflammable ; car, dans son état brut, il se porte toujours vers le nord où l'attend l'empire du froid, son domaine favori ; l'activité de la chaleur solaire lui cause un tourment incommode, il la fuit pour se porter vers les lieux où l'absence du feu lui permet de trouver le repos.

Les mines de fer, qui semblent destinées à recueillir la matière huileuse extrêmement volatile qui compose réellement l'aimant, sont abondamment distribuées à la surface du globe, où l'industrie humaine va l'arracher pour en enrichir les arts ; et c'est d'elles que l'aimant s'émane lentement pour se porter vers la superficie et réparer les pertes qui résultent de l'absorption qu'en font continuellement la végétation et les rayons du soleil. Si, comme l'ont prétendu quelques philosophes, la terre avait une chaleur propre, ce feu intérieur en aurait chassé tout l'aimant, il n'y en resterait pas une parcelle ; alors, dépourvue d'une substance essentielle, cette terre ne pourrait plus alimenter les corps célestes, et nous toucherions au moment du cahos.

Les parcelles d'aimant qui émanent de la terre et se répandent dans l'atmosphère, s'attachent aux plantes ou sont absorbées par elles ; les animaux l'aspirent avec l'air ou s'en chargent dans leurs aliments. La macération qu'elles subissent dans les animaux et les végétaux les rend propres à l'incandescence. Une partie est exhalée par la transpiration ; ce qui reste incorporé avec les substances mêmes est rendu à l'atmosphère après la destruction des êtres ; le calorique et l'humidité le soulèvent, la lune s'en empare, le distille et le transmet aux corps célestes qui nous en renvoient le résidu sous le nom de *calorique*.

C'est donc lorsque l'aimant a passé par la végétation qu'il prend le nom *d'électricité*, et, au lieu de se diriger vers le nord, comme auparavant, il s'élance vers le midi, véritable but de sa destination. Celui, au contraire, que l'on tire encore brut, et dont on arme les aiguilles de boussoles, tend à se diriger vers le nord, où réside le froid, seul élément convenable à sa nature. Nous pensons donc que, si une aiguille aimantée était placée pendant quelque temps dans un monceau de végétaux en putréfaction, ou dans une couche chargée de plantes en végétation, elle perdrait totalement sa vertu polaire, en se dirigeant vers le sud, parce que la fermentation aurait dénaturé l'aimant, qui, changé en électricité, tendrait vers le sud.

« Sigaud-Delafond, tom. 4, pag. 514 et suivantes ; Buffon, tome 8, pag. 555 et suivantes, nous disent que « lorsque le feu de la foudre frappe une aiguille » aimantée, il en change la direction, qui de nord devient » sud ; que le même phénomène se fait remarquer lors- » que l'aiguille a subi une forte chauffe. »

Cet effet provient de ce que le feu, à cause de sa pénétrabilité et de son énergie, a chassé l'aimant des pores qu'il occupait, et que l'électricité ambiante se sera emparée des mêmes pores que le feu a rendus plus spacieux.

Les mêmes auteurs citent un vaisseau qui , se trouvant dans les mers du nord , au milieu des glaces , où régnait un froid très-vif, les aiguilles des boussoles se trouvèrent affolées et tournaient fréquemment sur leur pivot sans marquer de direction fixe. C'est une preuve de la vérité que nous venons d'avancer, en disant que c'est le froid qui dirige l'aimant, parce que, dans ce cas, l'intensité du froid était égale tout à l'entour du vaisseau , et les aiguilles ne pouvaient avoir de direction fixe, puisque l'aimant se trouvait dans sa position naturelle. Buffon , tome 6, page 320, est aussi d'avis que le froid contribue pour la plus grande partie à la direction de l'aimant.

L'éther, disent les auteurs de l'*Encyclopédie portative , Physique des corps impondérables* , page 260, est divisé en deux parties, dont l'une (l'aimant) forme l'attraction et se dirige vers le nord , et l'autre (l'électricité) forme la division et prend une direction contraire.

Buffon, tome 8, page 415, dit que l'électricité est plus abondante à l'équateur que vers les pôles. La raison en est celle que nous venons de donner ; la chaleur étant plus active et la terre plus peuplée et plus cultivée à l'équateur qu'aux pôles , il doit y avoir une plus grande quantité d'aimant converti en électricité; les rayons du soleil en excitent les émanations à de plus grandes profondeurs (2).

Où la grandeur et la sagesse de Dieu éclatent le plus

visiblement à nos yeux, c'est dans l'organisation de l'univers, dans la distribution des différentes parties qui en composent l'ensemble, dans le choix admirable des ressorts dont il s'est servi pour faire mouvoir ce chef-d'œuvre et en conserver l'harmonie.

Les mécaniques des plus habiles artistes humains ne peuvent exister que sur un point d'appui capable de résister à tous les chocs, de maîtriser tous les mouvements : les forces qui les meuvent sont purement matérielles et immédiatement liées ensemble; elles sont sujettes à des variations, à des dérangements; elles ont besoin d'une surveillance continuelle, de réparations fréquentes, et portent en elles-mêmes leur vice destructeur; tout s'y ressent de la faiblesse et de la fragilité humaines.

Le temple magnifique qui tient lieu tout à la fois de cortége et de résidence au maître de la nature (5), est ordonné sur un plan digne du plus grand des êtres. La terre, qui en est la partie principale, en forme le centre et le point d'appui. Cette base sur laquelle s'appuie l'univers, est elle-même suspendue au milieu d'un fluide impalpable, dans lequel les plus légers des objets physiques ne peuvent se soutenir avec effort que momentanément. Lequel est le plus admirable pour un être doué de la faculté de penser, ou de l'édifice, ou de l'architecte? l'un nous étonne par la simplicité apparente de son architecture hardie; l'autre nous ravit par sa puissance et la profondeur de son génie.

Mais ce lourd poids, cette masse énorme, flotterait constamment, sans aucune fixité, si ce grand génie n'eût trouvé le moyen de l'assujettir comme dans un étau, et d'établir dans son intérieur (chose admirable) un contre-poids capable de la soutenir suspendue.

Quel pouvait donc être le contre-poids de cette masse prodigieuse? Le vide, dont les ballons nous donnent un exemple en petit.

Nous pensons que la croûte ou enveloppe de la terre a à peine 3 ou 4 lieues d'épaisseur, que le vide qu'elle laisse dans son intérieur est égal à plus de 5,000 fois le cube de sa croûte; nous évaluons le poids du pied cube des matières terrestres à 156 livres, terme moyen entre l'eau, comme l'une des matières les plus légères, et les schistes ou ardoises, les granits et les quartz, comme les matières les plus lourdes après les métaux, qui sont en petite quantité en comparaison des autres matières; par ce moyen, le poids du pied cube des matières terrestres sera au poids du pied cube de l'air, environ comme 1,500 est à un; mais le vide de la terre est au cube de la croûte, comme 4,000 est à un; ainsi l'atmosphère, jointe à ce vide de la terre, pourrait soutenir en l'air un poids égal au double de celui de la terre, sous le même volume. Cette terre est donc suspendue au milieu de l'air comme un véritable ballon, et elle s'y soutient réellement, par son excédant de légèreté spécifique, sur le poids de l'air qui l'environne. Dieu a donc fait le plus grand des efforts possibles du génie, en établissant la base de son édifice sur le vide même. L'atmosphère intervient pour la presser en tous sens contre son propre centre, et l'empêcher de pouvoir aucunement vaciller.

Ce qui nous confirme dans l'opinion du vide intérieur de la terre, c'est le son qui s'opère à sa surface lorsque l'air est mis en mouvement d'une manière brusque ; si elle était entièrement pleine, aucun bruit ne serait sensible à sa surface. Le vide intérieur rendant la croûte plus flexible, lorsque celle-ci reçoit une commotion, il s'opère un frémissement dans la partie frappée qui agite l'air contenu dans ses pores, le force à s'échapper, et en heurtant l'air extérieur, il produit un sifflement qui compose le son.

Ce qui facilite le frémissement de la croûte et la rend plus flexible et sonore, ce sont les métaux incrustés dedans, pour en joindre les fissures, comme il arrive que l'on en met dans les voûtes des grands édifices, et notamment dans les arches de ponts, pour en empêcher la rupture. Ces métaux, par leur force élastique et leur souplesse, empêchent que l'enveloppe de la terre ne se rompe sous son propre poids (4) ; ils servent encore à communiquer le son de l'intérieur à l'extérieur.

Il en est de la terre comme d'un instrument de musique ; s'il était de matière pleine, il ne rendrait aucun son, parce que les vibrations de la matière ne seraient pas suffisantes pour exciter les ondulations de l'air, et que toute l'action se reporterait au dehors et se perdrait dans l'atmosphère, tandis qu'en se communiquant dans l'intérieur elle y excite une agitation plus sonore.

Si donc la terre était pleine, un coup de canon, de fusil ou de mortier, une cloche, un coup de tonnerre, ne produiraient dans l'air qu'un fouettement sec et sans harmonie , ainsi qu'il arrive lorsque l'on tire un coup de fusil au sommet d'une montagne.

Ce qui nous prouve encore le vide de la terre , c'est le surgissement des fontaines ; si la terre était pleine , les eaux s'infiltreraient dans l'intérieur et se rencontreraient toutes au centre , comme point de nivellement; mais ne pouvant pénétrer dans l'intérieur, elles glissent entre deux terres tant qu'il s'y trouve de la pente , et lorsqu'il n'y en a plus , elles sont forcées par leur poids de s'ouvrir un passage à la surface , et par conséquent de sourdre.

La terre , dans sa forme , ressemble assez à celle d'un œuf , qui peut-être est la plus solide des formes de matières creuses , parce que toutes les parties de l'enveloppe se soutiennent mutuellement ; la charge se porte vers les pôles dont la forme arrondie résiste à tout ; d'ailleurs les pôles de la terre sont couverts de masses d'eau si considérables qu'elles suffiraient pour empêcher l'écartement de la voûte; elles produisent le même effet que les culées ou épaulements des ponts envers les arches dont ils empêchent l'écartement. Et comme l'atmosphère est mille fois moins pesante aux pôles qu'ailleurs, et que les eaux ne sont point agitées avec autant de violence par ces grandes fluctuations , qui ailleurs remuent les eaux jusqu'au fond , ces masses contribuent à la consolidation du tout (5).

L'atmosphère ne fait donc plus , au sommet de la terre, que l'assujettir , et l'empêcher de pouvoir s'élever ni s'abaisser , et pour que ce fluide ait le plus grand poids

possible , et qu'il presse convenablement le sommet de la
terre qui paraît en avoir le plus grand besoin. C'est à
ce même sommet que se porte le gaz inflammable; c'est là
qu'il agit dans toute sa force en alimentant les feux du
soleil qui seuls peuvent soulever une grande masse de
vapeurs. C'est donc là, c'est-à-dire entre les tropiques,
que la force de pression est la plus considérable ; elle y
est telle qu'en s'appuyant sur la surface des eaux , son
poids fait refouler les mers vers les pôles et sur les deux
côtés ou flancs de la boule en laissant une partie de la
surface de la terre à nu. Notre atmosphère opère en
grand sur la terre ce qu'elle opère en petit sur le mercure qui garnit un baromètre. Lorsque l'air est plus
pesant , il fait refluer le mercure dans le haut du tube, et,
lorsqu'il s'allégit , le mercure , exerçant sa force de
pression contre le poids de l'air, il le refoule et descend
dans la cuvette.

Puisqu'une colonne d'air d'un pied carré dans toute la
hauteur de l'atmosphère pèse deux mille deux cent quarante livres , *Sigaud-Delafond* , tome 5 , page 193 , une
colonne de dix mille pieds carrés qui forment les cinq
huitièmes d'une lieue , pèsera deux cent vingt milliards
de livres , est-il étonnant qu'une masse de vapeurs aussi
prodigieuse que celle qui couvre la terre ne fasse refouler
les eaux des mers vers les pôles où l'atmosphère , à cause
de l'extrême froid qui y règne , est mille fois moindre
qu'ailleurs? D'ailleurs ne sait-on pas encore que lorsque
l'on fait le vide dans un tuyau dont la partie inférieure
est plongée dans un bassin d'eau, le seul poids de l'air
fait remonter l'eau dans le tuyau, à 32 pieds au-dessus du

niveau du bassin ; c'est donc une preuve que le poids
de l'air qui enveloppe la terre à son sommet et entre
les cercles polaires, surpasse le poids d'une couche d'eau
de 52 pieds d'épaisseur dans la même étendue , car si la
masse des vapeurs ne dépassait pas le poids d'une
colonne d'eau de 32 pieds , elle ne la déplacerait point ;
au contraire , elles resteraient en équilibre. Si une
colonne d'air fait remonter à 52 pieds de haut une égale
colonne d'eau , elle pourrait déplacer à 1,000 pieds au
moins de profondeur, une égale colonne d'eau , qui n'aurait aucune barrière latérale ; car, pour soulever une
masse à 52 pieds de haut , il faut une force égale à au
moins mille fois celle qui serait nécessaire pour la déplacer obliquement. L'atmosphère a donc pu déplacer au
sommet de la terre une épaisseur d'eau d'au moins
10,000 pieds ; il ne faut donc pas être surpris de voir à
nu des montagnes de 6 et 8 mille pieds d'élévation , qui
paraissent avoir été plongées sous les eaux , peut-être
même à des milliers de pieds de profondeur.

L'atmosphère qui presse chaque hémisphère, forme
un cône , dont la base est appuyée sur la surface même
de la terre , et le sommet s'élève sous l'équateur. Voici
les raisons qui nous font naître cette pensée : le soleil ,
sous l'équateur, darde ses rayons parallèlement au zénith
et comme la lumière, et par conséquent le calorique se
réfléchit toujours sous un angle égal à celui sous lequel
elle tombe ; il en résulte que, sous l'équateur, le soleil
élève les vapeurs très-haut. A mesure que l'on s'éloigne
de la ligne en allant vers les pôles , les rayons tombent de
plus en plus obliquement, et les vapeurs s'y trouvent de

même soulevées obliquement , et à des hauteurs
moyennes. Aux pôles, l'obliquité des rayons caloriques
est à peu près parallèle au niveau de ces lieux ; les
vapeurs ne peuvent donc que friser la surface de la
terre. Et comme le poids de l'atmosphère est toujours
proportionné à l'épaisseur de sa masse , et que sa
masse va toujours en diminuant de l'équateur aux
pôles ; il s'ensuit que les eaux ont été refoulées sous
l'équateur à une grande profondeur pour se reporter
vers les pôles où elles ne trouvaient aucune résistance.

Par suite de ce foulage , les eaux ayant perdu leur
nivellement sphérique, elles font sans cesse effort pour
le reprendre; mais l'atmosphère , par son mouvement
d'oscillation , les refoule au fur et à mesure qu'elles
affluent ; de là ce mouvement continuel d'ondulation ,
connu sous le nom de flux.

Il est donc très-facile de concevoir que la terre qui
est un corps rond , enveloppé d'une couche d'eau
très-épaisse , aura nécessairement dû éprouver un
aplatissement aux deux surfaces de son sommet opposé,
lorsqu'elles .auront éprouvé le foulage ou la pression
atmosphérique. Si ces eaux avaient été contenues par
des digues , elles auraient fait résistance , mais leur
renflement fondé sur la seule force de cohésion aura
dû céder très-facilement à la pression ; il est tout na-
turel qu'elles se soient laissées aller vers les pôles ,
et que, constamment attirées par la force de cohésion,
elles cherchent à reprendre leur forme sphérique ,
tandis que l'atmosphère s'y oppose par son seul poids.

Or , si le poids de l'air était égal sur tous les points de
la terre , il est évident que les eaux n'auraient pu être
refoulées et qu'elles auraient été pressées en tous sens
contre la terre avec une force égale ; mais comme les
pôles sont privés des feux du soleil, qui seuls peuvent
volatiliser l'eau qui forme l'atmosphère, il est évident
que l'atmosphère a 1,000 fois moins de poids aux pôles
qu'ailleurs, et alors les eaux de l'équateur, pour obéir à
la force qui les presse, seront nécessairement portées vers
les pôles où elles auront rencontré une résistance à peu
près nulle. Par l'effet de ce refoulement, ces eaux se
trouvant dépasser leur niveau ordinaire, elles font, à
cause de leur fluidité , un effort continuel pour rentrer
dans leur lit ; mais l'atmosphère, qui reste toujours en
stagnation , s'oppose avec une force égale à ce mouvement, et les refoule au fur et à mesure.

Si le soleil était un million de fois aussi volumineux
que la terre , ses feux soulèveraient la même quantité
d'atmosphère tout à l'entour d'elle , et il n'y aurait point
de marées , puisque les eaux seraient également pressées
en tous sens ; elles couvriraient donc la surface de la terre
à une hauteur considérable. Ainsi, croire que le soleil est
non-seulement un million de fois aussi volumineux que la
terre , mais qu'il a seulement la 2,000ᵉ partie de ce
volume , est une pure niaiserie.

Buffon, tome **2** , page **73** : « A la vue des îles et des
golfes qui se multiplient ou s'agrandissent autour du
Groenland, il est difficile, disent les navigateurs, de ne pas
soupçonner que la mer ne refoule, pour ainsi dire, des

pôles vers l'équateur ; ce qui peut autoriser cette conjecture, c'est que le flux, qui monte jusqu'à dix-huit pieds au cap des Etats, ne s'élève que de huit pieds à la baie de Disko, c'est-à-dire à dix degrés plus haut de latitude nord.

Buffon, page 94 : « Les marées sont plus fortes et elles font hausser et baisser les eaux bien plus considérablement dans la zone torride, entre les tropiques, que dans le reste de l'Océan. »

La pression est beaucoup plus considérable entre les tropiques que vers les pôles, parce que la chaleur soulève une plus grande quantité de vapeurs dont le poids repousse les eaux avec plus de violence, et l'effort qu'elles font pour y rentrer est proportionné à la force qui les a chassées et à la masse refoulée.

Biot, de l'Usage des globes célestes, page 127, dit aussi que lors du reflux, les mers roulent du nord au midi.

Il est aussi des contrées où ce roulement doit venir de l'orient ou de l'occident ; par exemple, sur les côtes occidentales de l'Afrique et de l'Amérique, l'ondulation doit venir de l'occident, et sur les côtes orientales de l'Amérique et de l'Asie, elle doit venir de l'orient : la disposition des mers et des golfes doit aussi contribuer à cette direction.

Ainsi l'atmosphère exerçant principalement son action de haut en bas, ses deux moitiés supérieures doivent en ressentir les effets, et sur les flancs ou côtés de la boule, la force de pression doit être moins considérable, parce

que la colonne d'air de chacun des côtés se rapprochant
du centre de gravité, leur force doit diminuer d'autant ;
voilà pourquoi les deux côtés de la terre sont couverts de
deux bassins immenses de mers : l'un qui sépare l'Europe
et l'Afrique de l'Amérique est l'Océan occidental, et
l'autre qui sépare l'Asie et l'Amérique est la mer Paci-
fique. L'ancien monde doit donc être regardé comme
l'une des deux moitiés supérieures de la terre, et le nouveau monde comme l'autre moitié. Le refoulement des
eaux vers les pôles doit être le plus considérable, car,
à cause de l'extrême froid qui y règne continuellement,
l'atmosphère est presque nulle, et laisse aux eaux un
séjour plus libre ; aussi les deux pôles paraissent-ils être
entièrement couverts d'eau et à des profondeurs immenses. Il est donc évident que si la terre n'avait point d'atmosphère, elle serait entièrement couverte d'eau et
inhabitée, car ses matières sont ainsi disposées :

Le vide est au centre pour servir de contre-poids ; la
croûte se compose dans l'intérieur des pierres les plus
compactes, les plus dures, tels que les quartz, les spaths,
les granits, les métaux les plus purs, les plus liants ;
tels que l'or, l'argent, le cuivre, le platine, sont incrustés dans l'intérieur, pour en former l'assemblage, et lui
tenir lieu de nerfs ; ensuite viennent les pierres ordinaires, les marnes qui sont des commencements de pétrification, les argiles dont les sédiments forment le silex ; une
légère couche de terre végétale les recouvre, et se trouve
composée du dépôt des eaux qui ont inondé cette terre ;
les eaux, comme plus légères, s'éloignent davantage du

centre et en forment l'enveloppe extérieure. Ensuite sont les matières extérieures qui accompagnent la terre ; l'air inférieur, comme le plus lourd, touche sa superficie ; la matière qui alimente les comètes surnage ce dernier. La lune et le soleil, comme plus légers, s'éloignent davantage du centre ; enfin les étoiles, comme des globes purement gazeux, sont aux dernières limites et en forment le voile aussi riche qu'élégant.

Par l'effet du foulage atmosphérique, les eaux se trouvant, dans les lieux où elles sont poussées, dépasser leur nivellement sphérique, cherchent toujours, à cause de leur trop grande fluidité, à rentrer dans leur lit; le mouvement ondulatoire se précipite sous la colonne d'air dont la compressibilité obéit pour un instant; mais l'atmosphère, à son tour, tendant son ressort, appuie son énorme poids sur la surface des eaux qu'elle force à se retirer dans les lieux qu'elle leur assigne. L'eau, revenue dans son premier état, recommence son mouvement d'ondulation, l'atmosphère obéit de nouveau, puis s'affaisse sur la plaine liquide qu'elle refoule comme auparavant, et ainsi successivement ; de manière que ces deux éléments se livrent un combat perpétuel qui donne naissance aux flux ou marées, car c'en est là la véritable cause (6). Lorsque les eaux s'élancent de leur sommité forcée, vers leur nivellement, c'est le moment du flux; lorsque l'atmosphère les refoule, c'est celui du reflux. L'eau va et revient sans cesse des pôles et des flancs vers le sommet de la terre, pour s'y arrondir dans le moule de l'atmosphère, et l'atmosphère a un mouvement conti-

nuel d'ascension et d'immersion comme le balancier
d'une pompe à feu, où le piston d'une pompe aspirante,
et principalement au-dessus des mers; car la terre,
étant un corps solide, n'est pas susceptible d'un mouvement d'ondulation, et son atmosphère reste dans une
assiette tranquille. Quelque part où l'on soit, le flux doit
toujours venir de l'intérieur des mers battre contre les
bords, et le reflux se retirer au large. Si, sous l'équateur, le flux est plus considérable qu'ailleurs, c'est,
comme nous l'avons dit, parce que l'atmosphère contient une plus grande quantité de vapeurs en dissolution
qui, refoulant davantage les eaux, font plus d'effort
pour y revenir. Ces grands mouvements sont d'autant
plus fixes et réguliers que ces deux puissances colossa-
les ne peuvent agir que lentement.

La preuve que c'est là réellement la cause des marées,
c'est que les mers intérieures, telles que la Méditerra-
née et la Baltique en Europe, n'éprouvent pas de flux,
parce que ces mers ayant une certaine étendue et faisant
plusieurs circuits, leur canal de communication avec le
grand bassin est trop étroit pour que l'ondulation y fasse
entrer subitement une quantité d'eau suffisante pour en
augmenter le volume et les faire dépasser leur niveau
ordinaire. La mer Rouge et le golfe Persique, qui ne
sont que des boyaux, sont sujets aux flux, parce que
la vague générale y fait entrer assez d'eau pour les gon-
fler tout à coup. Les rivières et fleuves qui ont leurs
embouchures dans les mers intérieures ne sont pas
sujets aux marées, et ceux qui tombent directement

dans le grand bassin en éprouvent de considérables.

Si ce n'était pas le refoulement des mers qui occasionnât les marées, toutes les mers, même celles intérieures, seraient soumises aux mêmes phénomènes et avec la même force ; mais comme le refoulement ne peut se communiquer aux mers intérieures, que par le canal de communication, il en résulte que l'effet doit être proportionné à l'étendue du canal et à celle des mers, de sorte que plus le canal est étroit et plus la mer a d'étendue, moins l'effet doit être sensible.

Si la lune, par son poids, pouvait occasionner l'intumescence, toutes les mers intérieures y seraient soumises, et son effet se ferait sentir depuis le moment où elle est sur notre horizon jusque vers trois heures du soir. Les bords ou côtes marines qui regardent l'orient seraient inondés avec une impétuosité étonnante, et les bords qui regardent l'occident seraient à nu pendant la durée du passage, et ensuite les eaux venant à reprendre leur niveau, opéreraient le contraire. Comment d'ailleurs un globe qui ne couvrirait pas la plus petite commune de la France pourrait-il avoir une telle influence sur l'immense étendue des mers qui couvrent la majeure partie du globe, cette supposition n'est-elle pas ridicule ? n'est-il pas plus conforme à la raison de croire que lorsque la lune n'est point dans notre hémisphère, pour tourmenter notre atmosphère, celle-ci plus tranquille s'abandonne à toute son expansibilité, et que pressant moins la surface des eaux, leur refoulement ou effort de nivellement est plus considérable, puisque c'est toujours au moment où elle est dans l'hémisphère opposé que la pression est la plus considérable, ou au moment où, avec le soleil, ils tracent la même ligne et tourmentent une moins grande étendue de l'atmosphère, le phénomène est le plus sensible.

Nous avons dit comment le terre est assujettie dans sa position verticale : il ne restait plus au créateur qu'à empêcher les pôles de vaciller : c'est à quoi il a pourvu par le moyen de l'aimant dont l'invincible tendance au froid les fait tirer chacun par son bout, d'où résulte un enchaînement complet ; afin que l'aimant existât en quantité suffisante vers ces pôles, il en a empêché les trop abondantes émanations par le froid, et une couche d'eau considérable à travers laquelle l'aimant agit efficacement.

Le soleil, comme le principal ressort du mécanisme entier, est isolé et détaché du centre ou point d'appui ; il n'y tient en rien et par rien ; c'est par l'effet seul de ses fonctions qu'il contraint la terre à lui procurer une force motrice inépuisable. Chose admirable ! cette force motrice, cette puissance invisible est détruite au moment même où elle produit son effet ; le feu consume l'électricité au fur et à mesure qu'elle se présente ; elle afflue continuellement pour subir le même sort. Le feu n'agit que pour détruire, l'aimant pour satisfaire ses besoins toujours naissants ; sans l'aimant le feu n'existerait pas, sans le feu l'aimant serait inutile ; leur antipathie fait notre sauve-garde, leur réunion simultanée détruirait tout. L'ordre et l'harmonie ont donc la destruction pour base; cette lutte perpétuelle est donc une loi conservatrice. Dieu par là nous donne une preuve de sa grandeur, de ses moyens inépuisables. Comment la machine entière pourrait-elle se détruire, puisque les ressorts se renouvellent à chaque instant sans qu'aucune des parties éprouve la moindre détérioration ?

L'aimant, loi générale, unique et suprême, gouverne donc tout : dans son état brut, il assujettit la terre dans sa situation polaire; converti en électricité, il entretient en incandescence, parsemés dans les cieux, plus de vingt millions de globes (7) qui joignent une harmonie admirable aux formes les plus parfaites et les plus élégantes : entre eux l'ordre et la paix ne sont jamais troublés, chacun remplit ses fonctions sans empiétement; tous agissent dans l'intérêt commun, sans exercer d'autre ascendant que celui qui résulte de la nature même de leurs fonctions; ils obéissent paisiblement au mouvement que leur imprime le fluide, sans jamais s'écarter de la sphère qui leur est assignée. La disposition de l'atmosphère nécessite-t-elle l'intervention d'un nouvel agent pour la dégager d'un gaz superflu? il se forme spontanément (8), remplit sa tâche et disparaît, sans troubler l'ordre établi qu'il sait respecter. O père de la nature! ô génie suprême! pouvais-tu être plus grand et plus sage, pouvais-tu donner aux humains une leçon plus frappante et plus sublime? car quelle différence entre l'harmonie qui règne dans les cieux et les mouvements convulsifs que la terre offre à chaque pas?

Sur cette terre malheureuse tout est en guerre, les éléments s'offrent un combat perpétuel ; la plupart des êtres ne peuvent vivre qu'en se dévorant mutuellement ou en détruisant des objets plus innocents qu'eux : parmi les hommes n'en est-il pas qui ne se font la guerre que dans le seul but de se repaître du sang des vaincus? d'autres plus policés courent ensanglanter les plaines et ravager des pays par amour pour la gloire! Dans l'intérieur d'une nation qui de loin paraît paisible et heureuse, les assassinats, le suicide, les empoisonnements, la jalousie, la haine, la vanité, l'ambition, la chicane, viennent en troubler le bonheur et la paix; les végétaux qui semblent ne réclamer que notre indifférence, sont en proie aux insectes, aux animaux, aux oiseaux qui les attaquent chacun de leur côté, heureux encore si, dans sa fureur, l'homme ne venait la hache à la main les saper jusqu'à la racine, et déchirer un sol sur lequel des rejetons nouveaux devaient perpétuer leur espèce. Les minéraux, que leurs masses brutes et informes devaient rendre l'objet de nos mépris ont été envahis ; l'ambition a creusé la terre pour les arracher de leurs retraites paisibles et sombres, des feux souterrains et ceux des volcans les dénaturent en les calcinant; ils déchirent les flancs de la terre pour les soulever en masse ou réduits en poussière : quelquefois de son sein embrasé, la terre les vomit en torrents de feu qui désolent au loin les campagnes.

Cependant, malgré l'antipathie qui semble régner entre les différentes parties de l'univers, et leur hétérogénéité apparente, on pourrait le considérer dans son ensemble comme ne formant qu'un seul corps, dont toutes les parties dépendent essentiellement les unes des autres; la terre en est le tronc, le siége principal, c'est elle qui fournit les aliments au surplus. La lune tamise le fluide électrique, rejette les parties les plus grossières qu'elle renvoie vers la terre, et transmet la quintescence du fluide au soleil que l'on pourrait considérer comme le cœur (9), puisque, après avoir reçu et enflammé le gaz, il le distribue continuellement dans la nature entière changée en calorique : la dispersion de ce calorique est aussi nécessaire à la nature pour son existence que le renouvellement du sang épuré l'est à un corps animé : l'âme de ce grand corps c'est Dieu même ; car il n'est pas possible à un être moral, quel qu'il soit, de croire que la nature puisse exister sans l'intervention et la présence continuelle de Dieu; en faisant donc du soleil sa résidence, il en habite la partie la plus brillante, la plus noble, la plus pure, celle qu'aucune souillure ne peut flétrir, que rien ne peut atteindre. Placé là, entre le centre et l'extrémité, il peut tout voir et surveiller sans être assujetti a aucun autre déplacement que celui qui résulte de son mouvement ordinaire. Les étoiles forment l'enveloppe extérieure, le riche et élégant tissu qui marque la forme et l'étendue, c'est à elles que s'arrête la transsudation générale ; au-delà Dieu ne porte point ses vues, n'étend point sa sollicitude, parce que c'est apanage du néant absolu.

———•••———

NOTES DU § VIII.

(1) Bernardin de Saint-Pierre, *Harmonies de la nature*, t. 2, p. 204 : « Les glaciers des pôles ont en hiver quatre à cinq mille lieues de circonférence, et quatre à cinq de hauteur. »

(2) Buffon dit que l'électricité est plus abondante à l'équateur qu'aux pôles : c'est-à-dire le gaz inflammable ; parce que, comme nous l'avons dit ailleurs, les végétaux et les animaux l'y produisent beaucoup plus abondamment que vers les pôles, où la nature privée d'une quantité suffisante de calorique solaire pour l'animer y est presque totalement stérile.

(3) *Histoire ancienne*, t. 2, p. 143 : Rollin dit que, chez les anciens, l'univers entier était regardé comme la maison et le temple de la divinité.

(4) L'or, l'argent, le platine et le cuivre, et surtout ces deux premiers, sont les seuls des métaux que l'on rencontre sous la forme métallique dans la nature ; tous les autres métaux se trouvent engagés ou amalgamés avec leurs gangues ou minerais, composés de matières hétérogènes ; tandis que l'or ou l'argent se trouvent purs ou mêlés ensemble, incrustés par filets dans l'intérieur même des rochers les plus durs, comme s'ils étaient destinés à réunir ensemble leurs différents blocs et à les empêcher de se séparer. Buffon, *Hist. nat.*, art. *Or* et *Argent*. Tous les autres métaux se trouvent sous la forme pierreuse, et par conséquent sans liaison.

(5) Woodward prétend que la terre n'est qu'une croûte superficielle et fort mince, qui sert d'enveloppe au fluide qu'elle renferme. Buffon, *Hist. nat.*, t. 1, p. 69.

(6) Nous disons que l'atmosphère, par son mouvement d'oscillation, en s'appuyant sur la surface des mers, en occasionne l'intumescence ou flux; de même par l'effet de sa réaction, elle s'élance vers les cieux, et jusqu'à la sphère des corps célestes auxquels ce mouvement de bascule imprime le mouvement de rotation qu'ils exécutent à l'entour de la terre, dans le même sens et avec une vitesse proportionnelle. Tel est l'effet d'une machine à vapeur dont le balancier, s'élevant et s'abaissant successivement, imprime le mouvement à la roue qui fait marcher toute la machine.

De même ce mouvement alternatif d'abaissement et d'élévation de toute l'atmosphère, qui s'exécute simultanément, imprime aux corps célestes un mouvement de rotation.

Sous l'équateur, ce mouvement est plus énergique, puisque le mouvement de pression est plus considérable, et le mouvement de réaction y est relatif; ce mouvement est en outre plus direct, puisqu'il est perpendiculaire au plan des cercles décrits par les corps célestes; alors les corps célestes qui y sont soumis doivent marcher plus vite. Tandis que plus on s'approche des pôles de chaque côté de l'équateur, moins l'action du balancement est directe, en raison de ce que ce mouvement s'exécute dans un plan perpendiculaire au niveau ou à la tangente de chaque point de la surface de la terre, et moins cette même action est énergique, puisqu'elle va toujours en diminuant de l'équateur aux pôles, comme la force de pression; alors les corps célestes qui se rencontrent dans ces sphères marchent moins vite, et les étoiles qui sont aux pôles ne ressentent cette action que très-obliquement et, pour ainsi dire, parallèlement au plan de leurs cercles, de manière que cette action étant très-faible, leur marche doit être très-lente; et comme ce mouvement de l'atmosphère est régulier sur tous les points de la circonférence de la terre, il doit en résulter un mouvement régulier et uniforme pour tous les corps célestes. Cependant il est très-présumable que chaque hémisphère agit séparément et alternativement, ce qui doit puissamment contribuer à régulariser le mouvement des corps célestes.

Tel est le véritable mobile qui fait mouvoir l'univers avec tant d'harmonie et tant d'ordre.

(7) Buffon, t. 8 , p. 471, fait l'éloge de l'ouvrage de M. le comte de Tressan , qui explique le jeu du mécanisme de l'univers par le moyen seul du fluide électrique.

(8) La comète.

(9) M. Demairan regardait le soleil au milieu de son tourbillon comme le cœur au centre d'un corps animé ; il a comme lui ses pulsations.

—◦◦—

Pour ne rien changer à ce que nous avons dit sur l'aimant, nous avons cru qu'il ne serait pas inutile d'y ajouter ce supplément sur le même sujet :

De l'Aimant, sa Nature.

L'aimant est une huile expansible non volatile, produite par la sécrétion du fer dans sa formation, différente du vrai gaz inflammable qui entre comme partie constituante dans l'organisation du fer auquel il tient lieu de ciment ou d'agrégat. Les physiciens lui ont donné le nom de phlogistique ; il n'est pas possible de concevoir du fer sans gaz inflammable, il n'en peut exister aucune parcelle sans lui.

Mais on peut concevoir du fer sans aimant, car l'aimant et le gaz inflammable ne sont pas identiquement la même matière, le gaz inflammable est ce fluide expansible, incolor, inodore, qui est si abondamment répandu dans toutes les parties de l'univers et qui sert d'aliment aux feux du soleil et des étoiles; c'est lui et lui seul qui les tient constamment en état d'incandescence ; le gaz inflammable est un fluide qui a subi l'analyse dans les règnes végétaux et animaux, et qui, en s'échappant de leurs débris, concourt à la formation du fer et de quelques autres métaux.

L'aimant est une sécrétion du gaz inflammable dans la formation du fer; ou plutôt une sécrétion produite par la violence des feux des volcans sur les mines ferrugineuses ; il tient plus à la nature du sol dans lequel il se forme qu'au fer lui-même, par conséquent il n'est point de l'essence du fer ni du gaz inflammable; il n'en est qu'une matière accidentelle, avec cette différence que le fer est de l'essence de l'aimant qui ne peut exister sans lui, par cette raison que c'est une sécrétion huileuse du gaz inflammable qui forme le phlogistique ou le ciment du fer; tandis que le fer peut exister sans l'aimant.

L'aimant et le gaz inflammable différencient en ce sens que le gaz inflammable est un fluide qui a sub la végétation ; tandis que l'aimant ne l'a pas encore subie et ne peut par conséquent devenir inflammable ; il ne doit peut-être son existence qu'à la violence des feux des volcans, raison pour laquelle il ne se trouve pas dans toutes les mines de fer, mais seulement dans celles qui sont déposées à des lieux volcanisés.

Le gaz inflammable est à la vérité un fluide expansible ; mais sa force expansive ne s'étend pas au-delà de

la surface du métal auquel il est uni; il ne peut donc
que s'opposer à ce que l'air extérieur ou atmosphérique pénètre le fer et les autres métaux auxquels il
tient lieu de ciment.

Tandis que lorsqu'une parcelle ou bulle d'aimant a
pénétré une partie de fer, non-seulement elle occupe
exclusivement les pores du fer en s'opposant à ce qu'un
autre fluide s'y introduise, mais encore par sa faculté
expansive et rayonnante sans écoulement, elle dilate
l'air extérieur qui se presse autour de la surface du
fer qu'elle a pénétré, de manière que ce fluide extérieur en est constamment repoussé à une distance proportionnée à la quantité d'aimant, à son énergie, et à
la disposition du fer auquel on l'a uni.

De l'Attraction.

Lorsqu'une parcelle ou bulle d'aimant a pénétré une
lame ou aiguille de fer, elle se porte toujours exclusivement vers l'un des bouts ou extrémités; elle y est
elle-même poussée par le gaz inflammable dont le fer
est pénétré à l'extrémité vers laquelle elle s'est portée;
elle doit par sa force expansive dont nous avons parlé,
former une espèce de bulle vide d'air, ou autrement
une houppe d'expansion, puisqu'elle ne permet à l'air
extérieur de l'approcher qu'à une certaine distance.

Lors donc qu'un fer froid d'un poids médiocre est
placé dans le voisinage de la bulle d'expansion, il est
poussé contre l'aimant par l'air extérieur qui enveloppe

la houppe d'expansion ; c'est en vain que par son poids il voudrait s'en séparer lorsqu'on l'enlève de son point d'appui, car la houppe d'expansion suivant toujours l'aimant, le fer doit la suivre également. Ainsi le mot attraction n'est donc qu'un mot vide de sens qui a été mis en avant par des hommes qui n'avaient pas suffisamment pénétré le secret de la nature, car il ne peut y avoir dans la nature aucune espèce d'attraction sans un attouchement réel ou physique, et encore il faut que la puissance attractive soit supérieure à la puissance attirée, autrement il n'y aurait pas d'action.

Ainsi, si l'aimant attire le fer, ce n'est pas parce que l'aimant exerce aucun pouvoir, aucune puissance sur le fer, mais c'est précisément parce que l'aimant faisant un vide autour de lui, le fer s'y précipite parce que l'air extérieur l'y pousse.

Voyons maintenant comment le fer peut se soutenir attaché à l'aimant ; il est reconnu qu'un pied carré d'atmosphère pèse 2,200 livres. Un pouce carré devra donc peser 15 livres 5 onces ; or, un espace d'un pied cube, vide d'air, renfermant un poids de 2,200 liv., pourrait donc se soutenir en l'air ; supposons une aiguille aimantée ou un fer aimanté, dont la houppe de rayonnement puisse faire un vide égal à un pouce cube, il est constant qu'elle soutiendra en l'air un morceau de fer carré égal à 4 pouces cubes, lesquels pèseront 15 livres cinq onces, en supposant le fer forgé pesant 545 livres le pied cube.

Ainsi on pourra toujours connaître l'étendue du vide que forme un aimant par le poids du fer qu'il peut supporter ; mais pour bien faire ces expériences, il faut avoir soin de se servir de morceaux de fer cubes ou ronds, car il est constant que si vous approchez de la houppe du rayonnement un fer menu et long, il n'y en aura qu'un bout qui pourra se trouver dans le vide, et en outre l'air extérieur n'ayant prise que sur une faible surface il l'enlèvera difficilement, tandis qu'un fer cube ou rond offre plus de prise à l'air extérieur, et qu'il peut être placé en entier dans le vide formé par la houppe rayonnante.

En général le fer aimanté, pour produire un bon effet, doit être long et menu ; le bout où se trouvera la houppe magnétique devra présenter une surface peu étendue, depuis deux lignes jusqu'à un pouce carré, sa longueur ne peut nuire ; tandis qu'au contraire le fer que l'on voudra faire enlever par l'aimant, devra autant que possible représenter un cube régulier, soit rond, soit carré. Un cube n'augmente pas la force de l'aimant, mais il donne plus de prise à l'air extérieur, et peut lui-même être plongé en entier dans le vide formé par la houppe.

Pourquoi le Fer , le Zinc , le Nikel , et le Kobale, sont-ils exclusivement attirables à l'Aimant , et les seuls susceptibles d'être aimantés ?

Nous avons vu plus haut que le vrai gaz inflammable sert de ciment ou d'agrégat au fer, que le gaz inflammable et l'aimant ont beaucoup d'analogie , qu'ils ne différencient que parce l'un est inflammable et l'autre ne l'est pas, que l'un et l'autre sont des fluides huileux ; que le gaz inflammable qui sert de ciment aux molécules du fer, pour les réunir, ne permet point l'introduction de l'air ordinaire dans les pores qu'il occupe, et que son rayonnement se borne à la surface du fer, tandis que l'aimant non-seulement ne permet point à l'air extérieur l'accès dans les pores du fer qu'il occupe, mais encore par sa force rayonnante et expansive, il dilate l'air à une certaine distance du centre de son repaire.

Ainsi les seuls métaux qui ont le fer pour base, et auxquels le gaz inflammable tient lieu de ciment , doivent être attirables à l'aimant, parce que le gaz inflammable faisant le vide dans les pores qu'il occupe, et l'aimant le faisant à l'extérieur , il est de principe que les corps non poreux se précipitent dans ce vide, et qu'ils y soient poussés d'une manière irrésistible, de manière que ce n'est point par attraction mais bien par pression que le fer se porte sur l'aimant.

Quant aux métaux poreux il n'est pas possible qu'ils soient attirés, parce que l'aimant ne peut chasser l'air

contenu dans leurs pores, ce qui empêche le perfectionnement de vide, et par conséquent la force compressive extérieure.

De même les métaux qui ont les sels, les acides et les
alcalis pour base, ou qui en contiennent une certaine
quantité, ne peuvent être attirés, parce que les sels et
les alcalis sont des matières mortes qui repoussent toute
espèce de dilatation, retiennent l'air dont ils sont péné-
trés, et s'opposent au perfectionnement du vide.

L'acier étant un fer recuit, et plus homogène que le
fer ordinaire, doit être moins poreux, le gaz inflammable s'y trouve mieux concentré, et sans mélange d'autre
air, il concourt plus puissamment au perfectionnement
du vide.

La fonte est trop poreuse, elle contient par conséquent moins de gaz inflammable et davantage d'air ordinaire ; à volume égal elle doit être moins attirable.

Le fer rouillé ou oxidé est attaqué par l'acide aérien;
il est plus poreux que le fer neuf, il doit par conséquent
être moins attirable.

Le platine, le zinc, le nikel, sont dans les mêmes
cas ; ils sont attirables en raison de leur affinité avec le
fer, et en raison de la quantité de gaz inflammable
qu'ils contiennent.

Quant à l'or et à l'argent, s'il n'en sont pas attirables,
c'est parce que le gaz inflammable ordinaire n'est pas le
fluide qui leur tient lieu de ciment ou d'agrégat, et qu'il
n'y a pas d'analogie entre leur ciment et celui du fer.

Attraction de la Résine et du Fer frappé.

Le gaz inflammable renfermé dans les pores du fer, étant un fluide essentiellement expansible et irritable, doit nécessairement, lorsque le fer est frappé ou frotté sur un autre fer, éprouver des secousses qui le mettent en état d'agitation, et lui font acquérir un certain degré d'expansion ; par conséquent il se forme à l'extrémité frappée, une houppe de rayonnement qui peut former un vide dans lequel l'air extérieur précipite la limaille qui se trouve dans sa sphère. L'attraction dure autant que l'état d'irritation.

La résine et l'ambre sont précisément dans le même cas que le fer frappé : le fluide contenu dans leurs pores étant susceptible de dilatation et d'irritation par le frottement, doit nécessairement former une petite sphère de rayonnement, qui repousse l'air extérieur et dans laquelle sphère se précipitent les petits corps légers placés à une distance convenable, et que l'air extérieur chasse vers le vide.

Lorsque l'eau contenue dans une chaudière est mise en état d'ébullition, elle acquiert un haut degré de dilatation et d'expansion ; il lui faut beaucoup plus d'espace pour la contenir que si elle était froide, par conséquent il doit y avoir du vide entre ses molécules ; elles repoussent l'air extérieur ; elle ne doit son état d'expansion qu'à son agitation, à l'irritation de ses molécules.

De même le fluide contenu dans le fer et dans la résine éprouve, par le frottement, un état d'irritation qui

lui fait acquérir un plus grand développement, et le force
à repousser l'air extérieur qui cherche à le comprimer;
il se trouve si expansible, si léger, que pour certains
corps placés dans le voisinage, il est un véritable vide.

Pourquoi deux Aimants de même nom se repoussent-ils?

Chaque aimant ou chaque aiguille aimantée ayant sa
houppe de rayonnement particulier, doit repousser au
dehors tous les fluides qui tendent à s'en approcher ;
puisque le rayonnement s'opère dans chaque aimant sur
tous les points de sa circonférence, deux aimants que
l'on approche éprouvent réciproquement une égale opposition ou répulsion. Ils ne peuvent donc être réunis que
par une puissance capable de vaincre leur propre énergie.

Lorsque l'on cherche à rapprocher deux aiguilles
mobiles, chacune d'elles doit repousser ou être repous-
sée par un rayonnement opposé au sien. Chaque houppe
doit aussi être maîtrisée par le tourbillonnement de l'air
dans lequel elle est plongée, et leur mobilité fait précisément qu'elles doivent se fuir, parce que chacune
d'elles tend à une sphéricité parfaite..

Cependant si l'on parvient à réunir le repaire des
deux aimants au même centre, ils formeront une
seule sphère ou houppe, et les deux aimants ne se
repousseront plus dès que le même centre de rayonnement leur sera devenu commun.

Mais tant que les deux houppes n'occupperont pas le
même centre, elles ne pourront s'arrondir dans l'atmos-

phère , et l'air extérieur seul cherchera à les séparer, jusqu'à ce que réunies ou isolées , elles aient pris une forme sphérique.

L'huile et les autres corps gras sont imperméables aux liquides et aux fluides dans lesquels on les plonge , parce que ces matières contiennent du gaz inflammable; que ce gaz qui est un diminutif de l'aimant, a un pouvoir rayonnant ou isolant, et qu'il tend toujours à repousser les corps hétérogènes.

Versez quelques gouttes d'huile sur l'eau , ou d'autres liquides qui n'aient pas d'affinité avec l'huile, chaque goutte d'huile formera une bulle à part , un point qui tendra toujours à la sphéricité , et si vous cherchez à réunir plusieurs gouttes ensemble, le liquide dans lequel elles seront plongées, s'y opposera, et cherchera toujours à les écarter tant que leur réunion ne prendra pas la forme sphérique.

Ainsi l'aimant est à l'air ordinaire ce que l'huile est à l'eau , et chaque houppe magnétique tendra toujours à l'isolement , tant que les deux houppes n'auront pas pour centre un point unique autour duquel elles puissent former une seule et même globule : avec cette différence que le rayonnement et l'isolement de l'aimant est beaucoup plus énergique que ceux de l'huile, et que la fluidité de l'air rend la réunion de différentes globules magnétiques beaucoup plus difficile.

L'aimant est donc une matière grasse, qui contient le principe du gaz inflammable , et qui ne peut se mêler à l'air ordinaire, parce que ce dernier contient de l'eau et des acides ou alcalis, qui ont beaucoup d'antipathie avec les corps gras.

Tandis que deux aimants de pôles différents, c'est-à-dire que l'un est aimant, et l'autre gaz inflammable, ont de l'affinité entre eux, parce que l'aimant seul a une force rayonnante, et que faisant le vide, le fer non aimanté y est poussé par l'air extérieur; il n'y a qu'une seule houppe où le fer est poussé par l'air extérieur sans aucune résistance.

Si l'aimant attirait le fer, il ne se déplacerait point, le fer seul ferait la démarche nécessaire à leur réunion; mais, dès que la proximité a lieu, si l'aimant est seul mobile, sa houppe sera poussée par l'air extérieur, vers le fer, parce que l'atmosphère ne pouvant seule y pousser le fer, à cause de son excédant de poids, elle forcera la houppe à se réunir au fer, pour n'être plus refoulée que par une seule globule d'expansion, qui auront un centre commun, autour duquel ils prendront la forme sphérique; l'atmosphère ne peut souffrir dans son sein aucun liquide ou fluide avec lequel elle n'a que peu d'affinité, à moins qu'ils ne prennent la forme sphérique. C'est la vraie cause de l'attraction.

Si le feu ou le fer chaud formaient, comme l'aimant, un simple rayonnement sans écoulement, ils attireraient comme l'aimant, parce qu'il est constant qu'ils dilatent l'air, et que par conséquent ils font le vide.

Le rayonnement du feu et du fer chaud s'étend aussi du centre à la circonférence, mais ils ne peuvent faire de vide, parce qu'il y a écoulement continuel du calorique, qui ne cesse de vibrer au dehors ; une molécule de calorique succède à l'autre, sans qu'il y ait réellement concentration de force expansive, alors l'air extérieur qui presse en tout sens le centre rayonnant, s'y précipite continuellement pour faciliter l'action de la combustion, et se mêle au calorique qui l'entraîne dans son écoulement.

Tandis que l'aimant a une puissance rayonnante sans écoulement, sa concentration permanente en fait un point d'isolement pour l'air environnant qu'il repousse sur tous les points de la circonférence de sa sphère, sans lui permettre le moindre accès à son centre.

De la tendance de l'Aimant vers le nord.

Nous venons de voir que lorsqu'un fer est imprégné d'aimant, que l'aimant se reportait vers l'une des extrémités où il formait une espèce de houppe de dilatation.

Ainsi, toutes les fois qu'un fer aimanté aura une longueur quelconque, plus celle des extrémités où se trouvera le repaire de l'aimant sera aiguë, plus la houppe sera sensible ; car si le fer se terminait par une superficie de plusieurs pouces cubes, le rayonnement de la houppe ne dépasserait point, ou que très-peu, la surface du fer ; tandis que si elle se termine par une pointe sans dimension, le rayonnement de la houppe peut s'étendre à plusieurs pouces de distance de la surface de la pointe.

Ainsi, supposons maintenant une aiguille aimantée se terminant en pointe, et posée en équilibre sur un pivot mobile, le pôle nord où se trouvera la houppe fera donc

l'effet d'une girouette, et obéira au premier courant de
fluide dans lequel elle sera plongée; nous pensons même,
sans pouvoir cependant l'affirmer, puisque nous ne sommes pas dans la position d'en pouvoir faire l'expérience,
qu'une telle aiguille placée en plein air sur un pivot
mobile, ferait le même effet qu'une girouette lorsqu'il
ferait du vent, et que le pôle nord de l'aiguille s'aban-
donnerait au cours du vent, tandis que le pôle sud se
maintiendrait contre le vent, comme donnant le moins
de prise au courant.

Actuellement quel est le courant de fluide qui peut
forcer l'aimant à se diriger vers le nord? Car l'aimant
n'a pas plus d'affection pour le nord que pour le sud, il
n'est point attiré et n'attire point; le mot attraction est
un mot vide de sens.

Ce qu'il y a de vrai, c'est que l'aimant est poussé
vers le nord, et en voici la raison : la lumière du soleil
se convertit en un fluide auquel nous donnons le nom
de calorique ; ce calorique se répand des deux côtés
de l'équateur, vers les pôles, pour animer la nature,
puisque sans lui la matière serait morte et inanimée,
et, dans son écoulement, le calorique produit sur l'aiguille aimantée le même effet que le vent sur une
girouette ; la houppe magnétique donne prise au courant du calorique qui l'entraîne, lorsqu'elle est sur un
pivot mobile, et la force à s'abandonner à la direction
qu'il lui donne, tandis que le bout de l'aiguille non
aimantée se maintient contre le courant du fluide auquel il ne donne pas prise.

1ere preuve : Transportez une aiguille aimantée sous l'équateur, elle ne marquera aucune direction, parce que le calorique tombe perpendiculairement sur la terre, et la houppe magnétique ne se trouve maîtrisée par aucun courant.

2me preuve : Si de l'équateur vers le pôle nord, vous vous avancez au-delà du tropique, votre aiguille commencera à prendre une direction fixe vers le nord, parce que l'écoulement du calorique commencera à prendre une direction fixe vers le même pôle.

Si au contraire vous transportez une autre aiguille aimantée au-delà du tropique du capricorne, elle commencera à prendre une direction au pôle sud de la terre, parce qu'alors le calorique commencera à avoir un écoulement régulier vers le pôle sud.

3me preuve : Le calorique a une influence marquée sur l'aimant ; il est d'autant plus énergique que l'aimant, qu'il opère un rayonnement avec écoulement ; tandis que l'aimant a un rayonnement sans écoulement, alors les molécules caloriques, cherchant à pénétrer le centre de la houppe magnétique, la tourmentent et la font fuir ; elles opèrent sur la houppe magnétique le même effet qu'un courant d'air opère sur une voile ou sur un ballon.

4me preuve : Un fer qui, froid, attire l'aimant, le repoussera étant fortement chauffé, parce qu'alors le rayonnement du calorique, dont le fer est pénétré, repoussera la houppe magnétique, et s'opposera au perfectionnement du vide qu'elle tend à opérer.

10

5me preuve : Si l'on place une aiguille aimantée devant l'ouverture du foyer d'un fourneau à tuiles, à chaux ou autres, fortement chauffé, le pôle nord de l'aiguille se tournera du côté opposé à l'ouverture du fourneau, quand même cette ouverture regarderait le sud, parce que le calorique dont ces fours sont très-abondamment pourvus, s'écoule par leurs ouvertures, et dans son écoulement il entraîne la houppe magnétique.

Le feu et l'aimant sont tellement incompatibles, que si l'on fait subir une forte chauffe à l'aiguille aimantée, elle perdra sa direction, le fer aura chassé l'aimant des pores qu'il occupait.

6me preuve : La déclinaison de l'aiguille aimantée est plus sensible en été qu'en hiver ; depuis neuf heures du matin jusque vers onze heures, elle décline vers l'ouest ; de onze heures à une heure, elle est stationnaire ; d'une heure à quatre heures, elle décline vers l'est : parce que dans ces circonstances le calorique qui émane directement du soleil, maîtrise le courant ordinaire de l'équateur aux pôles, et fait dévier la houppe magnétique.

7me preuve : L'inclinaison de l'aiguille est nulle sous l'équateur, parce que la quantité de calorique dont la terre est pourvue se réfléchit avec une force égale à celle du courant qui vient du soleil, et alors il y a compensation de forcer, et l'aiguille reste stationnaire ; mais dès que l'on s'approche des pôles, l'aiguille incline de plus en plus, parce que le courant du calorique dont l'atmosphère est pourvue, se dirige vers la terre avec plus d'a-

bondance que celui réfléchi par la terre qui en est toujours de moins en moins pénétrée à mesure que l'on
approche des pôles de la terre.

8me preuve : Lorsqu'une aiguille aimantée est transportée
au-delà des cercles polaires, sa direction devient plus
vacillante, plus incertaine, parce que le courant du
calorique se trouve à peu près annihilé, et la houppe
magnétique n'est plus soumise à son influence.

Si même l'aiguille est placée par un froid très-vif
au milieu des montagnes et des bancs de glaces dont
les mers polaires sont couvertes, elle ne marque aucune direction, parce qu'alors il y a absence complète de calorique, et l'aimant n'est plus tourmenté.

De même nous pensons que si la porte d'une glacière donnait au nord, et qu'à quelques toises de
cette porte en allant vers le nord, les rayons du
soleil donnaient assez fortement, l'aiguille aimantée
que l'on placerait entre la porte de la glacière et l'endroit
où frappent les rayons du soleil, se tournerait vers la
porte de la glacière, et par conséquent au sud, parce
que le calorique en se réfléchissant, s'écoulerait vers
la glacière, et le pôle de l'aiguille se tournerait du même
côté pour obéir au courant du fluide.

Du rôle que l'Aimant joue aux deux pôles de la terre.

L'aimant n'est point une matière purement accidentelle, mais il était prévu et calculé par l'architecte

suprême , qui devait le faire intervenir dans l'organisation de l'univers comme rouage essentiel.

Nous venons de voir que l'aimant par lui-même était un fluide très-expansible , qu'il formait autour de son propre centre un rayonnement d'expansion plus ou moins considérable.

Nous avons également vu que , entre le feu et l'aimant, il y avait incompatibilité , parce que le rayonnement du feu est plus actif que celui de l'aimant, à cause de l'écoulement continuel de ses molécules au dehors , et que l'aimant ne se trouvait à sa véritable place que lorsqu'il y avait absence de calorique.

Les deux pôles de la terre où il y a absence continuelle de calorique, sont les refuges les plus abondants de l'aimant, qui s'y reporte sans cesse ; l'aimant doit s'y trouver en plus grande quantité, et par la même raison en toute liberté, puisqu'il n'est plus tourmenté par le calorique.

Sous l'équateur, entre les tropiques, et même jusqu'aux deux cercles polaires, le calorique seul maintient l'atmosphère en état de dilatation; il tend sans cesse à volatiliser les liquides, et à les soulever dans les régions supérieures de l'air, car sans calorique nous n'aurions point d'atmosphère, par conséquent, non-seulement la terre serait stérile et inhabitable, mais encore faute de point d'appui, l'équilibre universel serait rompu , et le cahos en serait la conséquence inévitable.

Puisque les pôles sont privés de calorique, rien ne

pourrait en maintenir les vapeurs en état de dilatation , et s'opposer à la concentration complète de l'atmosphère qui à la vérité y est peu considérable, mais qui n'en est pas moins utile pour le maintien de l'équilibre général.

Mais l'architecte suprême, si ingénieux en tout, a pourvu ces pôles d'une matière qui, par sa seule nature et sans la participation du feu, pût s'opposer à l'affaissement de l'air. Cette matière est l'aimant dont la vertu rayonnante est suffisante pour vaincre la tendance des vapeurs vers leur centre ou point d'appui.

Ce n'est pas encore le seul rôle que l'aimant fût appelé à jouer vers les pôles où sa présence est essentielle, nous avons dit que l'aimant formait autour de son repaire une houppe de rayonnement dont l'étendue était proportionnée à sa quantité, les pôles où l'aimant est très-abondant, doivent donc former deux houppes très-considérables de rayonnement, alors l'écoulement continuel du calorique de l'équateur vers les pôles sur tous les points de la circonférence de la terre , doit forcer ces deux houppes à garder leurs positions, sans leur permettre aucun mouvement de vacillation, c'est là la véritable puissance physique , qui maintient la terre d'une manière très-fixe et inébranlable dans sa situation polaire.

Quant à sa situation verticale, la terre y est maintenue par sa propre atmosphère sur laquelle elle est appuyée, comme nous l'avons dit ailleurs.

Telles sont les trois puissances principales qui concourent au maintien de l'équilibre universel. 1re puissance : le feu qui volatilise les liquides dans l'atmosphère, en quantité suffisante pour soutenir le poids de la terre, en s'opposant continuellement à leur concentration.

2me puissance : les vapeurs maintenues en état de dilatation par le feu, sur tous les points de la circonférence de la terre qu'elles fertilisent, tiennent suspendue, et analysées, servent d'aliment à tous les corps célestes.

3me puissance : l'aimant qui en l'absence du calorique maintient les vapeurs des pôles en état de dilatation, s'oppose à leur concentration, et maintient les pôles dans une situation fixe.

Ainsi donc l'aimant n'est point une matière accidentelle, mais une matière prévue par Dieu qui s'en sert comme d'un ressort indispensable dans le mécanisme de l'univers ; c'est précisément son antipathie pour le calorique solaire qui le force à se réfugier vers les pôles, où sa présence est indispensable, et d'où ce même calorique ne lui permet pas de s'éloigner pour revenir vers l'équateur.

Le vrai gaz inflammable est une huile essentielle qui entre comme partie constituante dans l'organisation des corps appartenant aux trois règnes de la nature ; comme sa propriété est d'alimenter les corps célestes qu'il entretient constamment en état d'incandescence ; il s'élance continuellement des pôles vers l'équateur, en sens inverse de l'aimant, et lorsqu'il a subi la déflagration d'un corps lumineux, il se reporte de nouveau de l'équateur aux pôles où, sous la forme de calorique, il pénètre les animaux et les végétaux pour leur communiquer le mouvement ou la vie, et après la destruction de ces mêmes êtres; il s'en sépare de nouveau, pour subir par l'intermédiaire des corps célestes une nouvelle analyse, et ainsi successivement pendant l'éternité! tandis que l'aimant paraît être une matière indestructible et inaltérable, dont le rôle est constamment le même.

§ IX.

SUR LE TONNERRE.

L'on aurait tort de se figurer que le tonnerre n'est dû qu'au hasard, au résultat fortuit de la combinaison des éléments ; car s'il entrait comme rouage essentiel dans l'organisation de la nature, il était prévu et calculé par l'architecte suprême.

Le tonnerre, ou plutôt le bruit de son explosion, est le résultat de la déflagration d'un fluide enflammé.

Lorsqu'il y a condensation dans l'atmosphère, c'est-à-dire lorsque l'air est saturé d'une quantité trop considérable de vapeurs que le calorique solaire a vaporisées, les couches supérieures de ces vapeurs étant élevées aux dernières limites où le calorique puisse être réfléchi, elles sont forcées par leur propre poids de se concentrer ou affaisser vers la terre, qui est leur seul point d'appui ; les différentes couches qu'elles forment en s'abaissant forment entre elles des vides ou interstices occupés par l'air ambiant ou atmosphérique, lequel dans ces hautes régions se trouve déjà analysé, par le seul effet de son ascension, et presque entièrement composé d'air inflammable et d'air nitreux.

Ces nuages en raison de leur poids, mais à cause de leur étendue, ne pouvant s'abaisser perpendiculairement vers la terre, sont forcés de prendre un mouvement ou une direction quelconque pour s'abaisser obliquement, et dans ce mouvement ils doivent nécessairement imprimer un mouvement à la nappe de fluide sur lequel ils sont appuyés; mais comme les nuages inférieurs doivent avoir un mouvement plus rapide, tant à raison de leur propre poids, que de celui qu'ils éprouvent des nuages supérieurs, il en résulte que le fluide contenu dans leurs interstices se trouve diversement pressé par ces couches supérieures et inférieures. Si les couches supérieures se trouvent réunies en masses considérables, elles doivent fortement presser l'air intermédiaire, et les couches inférieures marchant encore plus vîte que celles supérieures, doivent accélérer le mouvement et le choc des molécules d'air intermédiaire : à force de pression et de frottement, cet air intermédiaire finit par s'enflammer, et la dilatation que la déflagration fait éprouver à ces molécules forme réellement un vide que l'air extérieur ne peut pénétrer ; ce vide est instantané puisque l'inflammation est très-prompte; mais dès que le feu n'existe plus il n'y a plus de force répulsive ; alors les masses d'air environnant se pressent pour occuper ce vide, et le choc qu'elles éprouvent au moment du contact produit un fouettement qui se fait entendre avec bruit; c'est là la détonation.

Il doit nécessairement résulter de ce que nous venons de dire, que la violence de la détonation doit être proportionnée, 1° à la quantité d'air enflammé, c'est-à-dire à l'étendue de l'interstice dont le fluide a subi la déflagration ; 2° et au poids des masses de nuages supérieurs à ce même interstice : car plus il y avait de fluide enflammé, plus le vide formé par la déflagration a dû être spacieux ; et plus la masse de vapeurs supérieure était considérable, plus la force compressive était puissante, et par conséquent le choc des masses d'air latérales était énergique.

C'est d'après ce principe qu'il ne peut y avoir de tonnerre lorsqu'il n'y a qu'une seule couche de nuage, puisqu'alors il n'y point d'interstice et par conséquent point de colonne d'air que le frottement des masses superposées puisse enflammer.

La détonation n'a pas toujours lieu au milieu des nuages, et en voici la raison : au moment où une colonne d'air prend feu ou s'enflamme, la portion qui prend feu pousse celle opposée en avant, et elle la suit jusqu'à l'entière déflagration ; si la déflagration se termine à la hauteur des nuages, c'est là que s'opère la détonation ; mais si ayant pris une direction vers la terre, et qu'elle arrive à la surface pendant son état d'incandescence, la détonation s'y opère, car la détonation a toujours lieu à l'endroit même où finit la combustion, parce que ce n'est qu'à cet instant que le vide formé par la dilatation du fluide lumineux s'anéantit, et que les masses ou colonnes d'air latérales se précipitent l'une contre l'autre, pour combler le vide formé par l'air embrasé.

Par la même raison, et dans nos climats, le tonnerre est d'autant plus fréquent et ses coups plus bruyants que

la température a été plus élevée, puisqu'il n'y a que la
grande abondance de calorique et l'énergie de sa répulsion de la surface de la terre dans les hautes régions
qui puissent soulever une grande quantité d'eau, et que
la grande quantité d'eau, soulevée à une élévation plus
qu'ordinaire, peut seule former les nuages qui eux-mêmes
produisent le tonnerre.

Lorsque la détonation a lieu au milieu des nuages ou
dans leur voisinage, elle produit dans toute l'atmosphère
environnante un mouvement de vague ou d'ondulation
proportionné à son énergie, et ce mouvement d'ondulation
fait que les molécules ou globules aqueuses qui composent
les nuages, en se heurtant, s'accrochent l'une à l'autre,
augmentent de volume, et ne pouvant plus être soutenues
par l'air, elles s'abandonnent à leur propre poids; et si en
tombant elles traversent d'autres couches de nuages inférieures, elles s'unissent à d'autres globules qui en augmentent le volume ; de là ces pluies plus ou moins abondantes.

Si par l'effet de la déflagration du fluide contenu dans
l'interstice de deux ou plusieurs nuages, ces nuages viennent à s'appuyer l'un sur l'autre et à opérer leur fusion,
il en résulte ordinairement une pluie très-abondante
composée de gouttes d'un volume considérable. C'est
en effet ce qui arrive; à chaque coup de tonnerre, la
pluie tombe avec beaucoup plus d'abondance et des
gouttes plus volumineuses, soit que ce soit l'effet de
l'ondulation produite par la détonation ou l'effet de la
fusion de deux nuages par suite de la combustion de

l'air qui existait dans leur interstice, et qui en a permis le rapprochement, et souvent c'est le résultat des deux effets réunis. Et souvent, le mouvement de l'air comprimé entre ces nuages, et que leur disposition irrégulière force à tourbillonner au milieu d'eux, contribue aussi au choc des molécules et à leur agglomération.

La détonation qui opère un mouvement d'ondulation aux nuages et les force à une condensation plus parfaite, produit le même effet sur l'air où les nuages ne sont pas sensibles; et en forçant les globules invisibles à se heurter, elle en détermine la condensation qui finit par composer des nuages, là où il n'y en avait pas la moindre apparence.

Le roulement qui se fait entendre après la première détonation est le résultat du mouvement d'ondulation de l'air, qui venant à frapper contre les parois du nuage voisin, éprouve un choc qui le renvoie du côté opposé, en produisant un son ou un écho du premier son, de sorte que si le groupe est composé de vingt nuages ou un plus grand nombre, il y aura autant de répétitions du premier coup qu'il y a de nuages, et de répétitions d'écho. Et comme chaque mouvement d'ondulation opère la condensation ou la résolution d'un nuage, il doit en résulter que les différentes masses de nuages doivent se décharger à chaque coup de tonnerre d'une plus ou moins grande quantité des globules qui les composent, et par conséquent s'allégir. De sorte que si l'amas de nuages est peu considérable, et que l'air environnant ne

soit pas saturé d'eau à l'excès, il faudra peu de coups
de tonnerre pour les réduire ; tandis que si l'amas est
considérable , et si l'atmosphère environnante a des dis-
positions à la condensation , il en faudra un plus grand
nombre. C'est ce que l'expérience prouve très-souvent.

Il est donc évident que le tonnerre est utile pour contribuer, par l'effet des secousses ou ondulations que
produisent ses détonations, à décharger l'air de la
surabondance des vapeurs qui s'y trouvent accumulées.
Et, chose admirable ! le tonnerre n'agit que lorsque sa
présence est indispensable; la nécessité de son concours
produit son existence , et plus il est nécessaire , plus les
vapeurs lui donnent de force et d'énergie; on serait tenté
de croire qu'elles sentent le besoin de proportionner ses
efforts à l'importance des secours qu'elles réclament !

Nous devons reconnaître que si le tonnerre n'existait
pas, lorsque des masses de vapeurs considérables se
trouveraient circonscrites sur une certaine étendue, leur
résolution successive serait impossible ; dans leur écoulement elles finiraient par s'accumuler d'une manière
étonnante , et elles presseraient l'air jusqu'à ce qu'elles
arrivassent à la surface de la terre ; alors se réunissant
en masse, se résolvant subitement, tout serait bouleversé
et anéanti dans ces mêmes lieux; les plus graves désordres
en seraient le résultat; notre existence serait un état de
perplexité continuelle, et peut-être serait-il rare de trouver sur la terre une ville ou une forêt de 200 ans d'existence.

Si le banc de fluide enflammé arrive à la surface de

la terre avant son entière déflagration, et que dans son
cours il rencontre un arbre, un bâtiment, ou tout autre
objet qui en fixe le cours, alors c'est là que la détonation a lieu; l'objet frappé éprouve une avarie plus ou moins
considérable; le fouettement seul de l'air peut l'écra-
ser; lorsque cet objet contient du gaz inflammable, tel
que le fer, les arbres gomeux ou résineux, les vieux
murs à chaux et sable dans lesquels une certaine quantité de gaz inflammable ambiant a pu se fixer; la flamme
électrique en pénétrant ces objets, enflamme le gaz qu'ils
contiennent, et ce gaz, dans la dilatation résultant de sa   .
déflagration, déchire, soulève et disperse ces objets
avec violence.

Si ce fluide en état de déflagration frappe des matières
très-combustibles, et par conséquent contenant beaucoup d'air inflammable, tel que les pailles et foins, il
les enflamme à l'instant, et l'incendie s'en développe avec
une rapidité étonnante; j'en ai été témoin.

Le tonnerre n'est pas un simple globe de feu, mais
bien un long sillon de feu dont l'extrémité antérieure forme
une espèce de globe ou masse de feu plus ou moins volumineux, et c'est au moment où ce globe se dilate et
cesse de briller que la détonation a lieu et jamais avant.
J'ai vu en pleine nuit un sillon de feu précédé d'un globe
qui me parut avoir plusieurs mètres de diamètre, produire une détonation effrayante, tomber sur une vigne,
en brûler une superficie de plus de 20 mètres carrés
sans qu'il en restât une feuille intacte. Ce globe était
d'un blanc plus brillant que le disque du soleil, lais-

sant voir dans son intérieur une espèce de noyau encore plus brillant, assez bien représenté par un ser-
pent qui se déroule et s'agite avec une extrême vitesse ;
c'est le plus extraordinaire que j'aie vu, quoique j'en
aie examiné le jour et la nuit plus de 20,000 avec
une grande attention.

Une autre fois, examinant en plein jour l'effet d'un
nuage fortement chargé d'électricité , en moins d'une
demi-heure, je me suis trouvé deux fois dans le sillon
même; j'en ai eu la vue gravement affectée pendant plus
d'un mois; chacun des deux sillons a terminé son cours
et sa déflagration à environ 200 mètres de moi, des deux
côtés d'un ravin; l'un est tombé dans une vigne à 2 mètres
d'un petit pavillon auquel il ne parut pas avoir touché ;
il écrasa 5 à 6 ceps de vigne dont les sarments
furent comme tordus et fendus; l'autre est tombé vis-
à-vis du premier dans une vigne; il en a brûlé plus
de vingt-sept en deux endroits différents, distants
d'environ 3 à 4 mètres. Placé en observateur au sommet
d'un coteau rapide et élevé, dominant un vallon bien
uni, j'ai vu des sillons de feu électrique avoir plus de
1,000 mètres de longueur, s'appuyer simultanément
sur la surface de la terre ; la partie inférieure était
plus vive, la partie supérieure ressemblait à une immense nappe de feu fouettée par le vent ; la tête ou
partie antérieure formait une espèce de crochet ou
pointe de triangle plus brillante et plus dense que tout
le surplus.

Le sillon n'est détourné dans sa direction par aucune

circonstance, mais si dans sa marche il rencontre un arbre, un bâtiment ou tout autre objet, il s'y fixe et s'y termine ; lorsqu'il tombe dans une plaine unie et dé-pouillée de végétaux, il ne s'arrête pas tout-à-coup à la surface de la terre, il glisse à quelques pouces de terre, en produisant le même sifflement qu'une balle qui sort d'un fusil.

C'est donc une chose très-utile et très-prudente d'en-vironner les bâtiments de grands arbres, car on peut être sûr que si un sillon de gaz enflammé vient à se précipiter vers ces bâtiments, et qu'il rencontre un arbre, il s'y fixera et garantira les bâtiments; c'est par ce motif qu'il est toujours dangereux, pendant un orage, de se placer sous des arbres, parce qu'ils sont les pre-miers que la flamme rencontre et qu'ils arrêtent.

Pour qu'il y ait production de tonnerre et d'éclairs il faut 1° que les nuages se soient formés dans les plus hautes régions possibles, où l'air est analysé de manière à pouvoir s'enflammer ; 2° que l'air dans lequel se sont formés les nuages et celui sur lequel ils s'abaissent soit un air nitreux et imprégné d'alcali fluor, car sans l'al-cali fluor ou air nitreux, le gaz ne s'enflammerait que très-difficilement ; 3° que plusieurs couches de nuages superposés se forment en même temps, qu'ils laissent entre eux des interstices occupés par l'air inflammable, et que dans leur écoulement, pour s'a-baisser, ils prennent la même direction.

§ X.

DE LA GRÊLE.

La grêle a toujours lieu lorsque des masses de nuages se condensent et se rassemblent dans les hautes régions où le calorique solaire, réfléchi par la terre, ne peut plus s'élever pour les dissoudre; ces nuages se trouvent exister dans un état de concrétion, et par conséquent composés d'un amas plus ou moins considérable de petits prismes et cubes de glace, groupés ensemble, et que leur grande ténuité rend spécifiquement plus légers que la couche d'air qui les soutient.

Ces premiers nuages en se réunissant foulent l'air inférieur, prennent un écoulement vers l'endroit qui leur oppose le moins de résistance, réunissent les autres vapeurs qu'ils rencontrent sur leur passage, forment un noyau, arrêtent les exhalaisons de la terre, occasionnent la formation de nuages dans les couches inférieures; entre ces différentes couches existent des interstices où l'air, diversement pressé, circule avec plus ou moins de vitesse.

Plus les masses s'augmentent dans leur marche, plus les colonnes d'air pressées entre elles sont comprimées; cette compression et ce choc, que les molécules d'air éprouvent tant contre les parois des nuages que par l'effet de leur écoulement, les enflamme; une détonation en est la suite; alors cette détonation excite dans tous les groupes de nuages un mouvement d'ondulation qui force les molécules de chaque nuage à s'accrocher entre elles, et à acquérir un volume plus ou moins considérable qui ne cesse de s'augmenter tant par l'effet du tourbillonnement que leur fait éprouver l'air fortement comprimé entre les différentes masses de nuages, qu'en traversant les couches de nuages inférieures; alors, de là s'échappent des grêlons toujours proportionnés à la quantité de nuages superposés et à leurs masses. La fréquence des coups de tonnerre et leur énergie sont également proportionnées à la quantité de groupes et à leur poids.

C'est un fait constant, que lorsque le roulement du tonnerre, sans être violent, ne discontinue pas, la grêle est plus abondante et plus volumineuse, et ne cesse pas de tomber, parce qu'alors le mouvement d'ondulation des nuages est continuel, et l'agglutination des molécules entre elles, n'éprouvant pas d'interruption, l'affluence de la grêle n'en éprouve pas non plus.

Lorsqu'un nuage dans lequel se forme de la grêle n'est pas considérable, et composé d'un grand nombre de masses séparées, vient à déterminer l'explosion d'un coup de tonnerre, l'affluence de la grêle suit immédiatement l'explosion; et si l'explosion suivante est séparée de la première par un intervalle de temps assez long, la chute de la grêle diminuera très-sensiblement, et ne recommencera à tomber avec plus d'affluence qu'à l'explosion suivante; de manière que, dans ces circonstances, on pourrait sur la route que le nuage a parcourue, compter le nombre des coups de tonnerre, par la quantité de grêle qu'il a versée. Il arrive souvent en effet, que le même nuage détruit tout dans un petit climat, suspend ensuite, pendant une demi-lieue ou plus, de verser de la grêle, pour recommencer subitement ses ravages. Et l'expérience a justifié que, dans ce cas, c'est toujours l'endroit où l'explosion du tonnerre a eu lieu qui est le plus endommagé.

Il est des circonstances où la grêle est produite sans le concours du tonnerre; c'est principalement sur la fin de l'automne, et au mois de mars, lorsque le calorique, réfléchi par la terre, est presque nul; alors les couches d'air supérieures se concentrent vers la terre, l'état de concrétion dans laquelle se trouvent les nuages les plus élevés se groupe, presse l'air inférieur dans lequel se forment des nuages formés par la vaporisation de la terre, et qui se trouvent exister sous la forme globuleuse ; l'air compris entre ces différentes masses est serré, et en cherchant à s'échapper, heurte les parois des différents groupes, occasionne un tourbillonnement à leurs molécules, les force à s'agglomérer et à acquérir un poids tel que l'air ne peut plus les soutenir ; elles sont forcées de s'abandonner à ce même poids qui les entraîne vers la terre.

Deuxième Partie.

DE L'UNIVERS CONSIDÉRÉ SOUS SON RAPPORT MÉCANIQUE.

Nous venons de raisonner sur cet immense univers considéré sous son rapport matériel ; nous avons décrit la nature et les fonctions de chacune de ses diverses parties ; sur les rapports que ces différentes parties ont entre elles et l'enchaînement qui les lie. Nous allons maintenant discuter sur leurs volumes apparents, les distances qui les séparent, et la manière dont leurs mouvements s'exécutent.

Pour connaître l'instant où le soleil est dans l'équateur, les astronomes ont pris la moitié du nombre des degrés qu'il parcourt dans l'écliptique depuis un tropique jusqu'à l'autre : et, d'après cette méthode, ils ont trouvé que le soleil, lorsqu'il est dans l'équateur, était élevé de 41 degrés 10 minutes au-dessus de l'horizon de Paris. Partant de là pour connaître la distance du soleil à la terre, ils ont dit : lorsque le soleil est dans l'équateur il est élevé de 41 degrés 10 minutes au-dessus de notre horizon, auquel il faut ajouter 48 degrés 50 minutes qui sont le complément de l'ouverture de notre angle, et doivent par conséquent former la hauteur du pôle à Paris. La ligne qui nous sert de base est l'étendue d'un rayon terrestre, que nous évaluons à 1500 lieues; comme il n'est pas possible de mesurer un angle de 90 degrés d'ouverture, le soleil est donc incommensurable : lorsqu'ils ont voulu connaître l'étendue de la circonférence de la terre, ils ont mesuré l'ouverture de l'angle de l'un de leurs degrés, c'est-à-dire qu'ils ont mesuré la distance qui existe entre deux points de la surface de la terre et sur le même méridien, où ils ont trouvé qu'à la même heure, le soleil présentait une élévation d'un degré en moins; leur résultat a été de vingt-cinq lieues; ils ont dit : la circonférence entière est de 360 degrés, chaque degré a vingt-cinq lieues, la terre a donc neuf mille lieues de circonférence.

Ce raisonnement qui n'était rien moins que spécieux, leur a paru si vrai, qu'ils ont imaginé avoir rencontré juste; ils n'ont pas fait attention que pour avoir au juste la mesure de la circonférence d'un cercle, il est indispensable que l'instrument dont on se sert soit placé au centre même, et que, si on le place sur la circonférence, il est physiquement impossible de rencontrer juste sans recourir à d'autres moyens.

Si, par exemple, pour avoir la hauteur exacte du pôle (supposons) à Paris, des astronomes eussent placé un graphomètre, ou tout autre instrument équivalent, au centre de la terre et dans le plan de leur méridien, qu'ensuite ils eussent pu percer la terre à l'endroit de la circonférence où répond Paris, qu'ils y eussent dirigé l'alidade et compté le nombre des degrés qui auraient existé entre cet alidade et le zénith de leur instrument, ils auraient eu, par là, réellement la hauteur du pôle à Paris, c'est-à-dire l'ouverture de l'angle que forme le zénith de l'équateur, sous notre méridien, avec l'endroit de la circonférence où répond Paris.

Pour prouver que leur opération est vicieuse et que l'élévation du soleil au-dessus de l'horizon ne peut servir à déterminer sa véritable hauteur, dans la figure 1ere nous avons abaissé deux zéniths sur la circonférence du cercle, l'un à 33 degrés mesurés du centre, et l'autre à 48 degrés mesurés du centre. Nous avons abaissé une tangente à chacun de ces zéniths ; nous avons considéré la ligne B comme le zénith de l'équateur, et celle au bout de laquelle se trouve le soleil à midi à l'époque des équinoxes. La ligne C forme, avec la tangente à 33 degrés, un angle ouvert de 41 degrés et demi, égal à celui que le rayon visuel au soleil forme avec notre niveau au 21 mars. Sa jonction avec le zénith de l'équateur marque son éloignement de la terre, et son complément est de 48 degrés et demi ; ce complément ne peut donc pas servir à déterminer la hauteur de notre pôle, puisque le zénith n'est qu'à 33 degrés mesurés du centre. La ligne D, avec sa tangente à 48 degrés et demi, forme aussi un angle de 41 degrés, et nous fait voir que si le soleil était dans l'espace du ciel où elle conduit, il serait en effet placé au-dessus de la terre, de manière que ses rayons tomberaient partout perpendiculairement : son complément se trouve encore, comme dans le cas précédent, être de 48 degrés et demi. Ainsi donc, de quelque part que l'on veuille mesurer l'élévation du soleil, on trouvera toujours que l'ouverture de l'angle formée par le rayon visuel, en y ajoutant son complément, donneront ensemble 90 degrés : c'est l'effet inévitable et assuré de la mesure effectuée sur la circonférence d'un cercle, et le complément ne peut aucunement servir à déterminer la hauteur du pôle et par conséquent l'élévation du soleil, puisque la base ne peut être déterminée au juste que par la connaissance de la hauteur réelle du pôle à l'endroit où l'on mesure.

La raison de ce résultat vient de ce que tous les angles ont pour centre celui de l'instrument qui est placé sur la surface de la terre, ou si l'on veut la circonférence du cercle, et par conséquent il est impossible qu'ils produisent le même effet que si l'instrument était placé au centre de la terre; et l'ouverture de l'angle, depuis l'alidade qui représente la tangente à la terre, jusqu'au rayon visuel, en y ajoutant le complément de l'ouverture de cet angle, doivent nécessairement donner 90 degrés ; il est très-étonnant que les astronomes n'aient pas réfléchi sur ce fait. C'est précisément ce qui est la cause de toutes leurs erreurs, ce qui a entraîné d'autres savants très-recommandables à débiter sur la structure et la constitution de l'univers une infinité d'hypothèses vraiment ridicules , et qui attesteront à la postérité les écarts auxquels la faiblesse de l'esprit humain peut s'abandonner.

Nous demanderons à tous les géomètres de la terre qui savent mesurer des angles, si lorsqu'ils ouvrent un angle pour mesurer une distance quelconque , ils s'avisent d'y joindre le complément de cet angle , ils ne trouvent pas que leur réunion ou addition forme 90 degrés. Ce fait est d'une vérité éternelle et la plus simple à concevoir, et pourtant un grand nombre d'astronomes, d'ailleurs très-instruits et très-recommandables , ont sauté à pieds joints par-dessus.

Une autre considération importante devait faire réfléchir les astronomes dans leur manière de mesurer les angles ; puisqu'ils considèrent la terre comme ayant 3,000 lieues de diamètre, et le rayon de 1,500 lieues , ils devaient penser que l'endroit où ils se plaçaient pour mesurer, était éloigné de 1,500 lieues du véritable lieu où l'opération aurait dû s'effectuer; que par conséquent ils établissaient la base de leur nouvelle opération, sur un côté d'angle ayant déjà quinze cents lieues de longueur, et qu'ils négligeaient.

Il résulte de leur manière de compter les degrés qu'ils ont singulièrement diminué le volume de la terre, puisque leurs degrés, mesurés à la surface de la terre, ont un tiers moins de valeur que s'ils étaient mesurés du centre ; et chaque degré qui n'est compté que pour 25 lieues doit être de trente-sept et demie, et la circonférence de la terre, au lieu de 360 fois 25 lieues de tour, doit en avoir 360 fois 37 et demie, ou 13,500 lieues de tour, et son diamètre doit être de 4,500.

Lorsque les navigateurs parcourent les mers, et qu'ils prétendent avancer jusqu'à 88 degrés vers les pôles, ils ne s'avancent réellement qu'à 66 degrés de chaque côté de l'équateur. Les pôles n'ont donc été approchés que de très-loin ; ils doivent être entièrement couverts de glace ; les émanations de la terre s'y trouvant neutres, l'atmosphère doit y être insensible, ce qui y facilite le refoulement des eaux qui, sans la pression, couvriraient l'équateur, et permet à l'aimant d'y fixer les pôles d'une manière invariable.

Pour faire connaître la différence qu'il y a réellement entre mesurer les degrés de la circonférence d'un cercle en se plaçant au centre, ou établir un centre sur la circonférence, nous avons construit la planche figure 2. A est le centre du cercle dont l'on veut mesurer la circonférence ; C est le centre de l'instrument dont on se sert ; la ligne qui traverse le cercle au point A est le diamètre de la terre ; la ligne B est la perpendiculaire de l'équateur ; la ligne DD est la tangente à l'équateur ; elle représente le niveau de l'instrument. Il est certain que la ligne représentée par le niveau de l'instrument est, à chaque bout, éloignée de l'axe de la terre, d'une distance égale à l'étendue d'un rayon, que deux rayons valent un diamètre, et le diamètre le tiers de la circonférence.

De quelque manière que l'on s'y prenne, il est impossible de mesurer la circonférence inférieure, puisque tous les degrés viennent aboutir au centre de l'instrument. Si, par exemple, on voulait diriger le niveau de l'instrument au pôle E, 2, il est certain que le bout E, 1, de la même ligne, serait éloigné du pôle H, 2, de la longueur d'un diamètre. Il est donc évident qu'il est impossible de mesurer exactement la circonférence d'un cercle, en se plaçant sur cette même circonférence, et que par conséquent les angles auront un tiers de valeur en moins que si on opérait du centre. Il est au surplus certain que la ligne courbe est à la droite, comme six à quatre, et que la ligne courbe est un tiers plus longue que la droite ; et il y aura toujours entre l'ouverture des angles qui partent de la circonférence et ceux qui partent du centre, une différence d'un tiers, c'est-à-dire que les angles qui partent de la circonférence auront un tiers moins de valeur que ceux qui partent du centre : il est facile de se convaincre de cette vérité en faisant la mesure d'une roue de voiture, par exemple, dont une opération serait faite au centre du moyeu, et l'autre sur la circonférence de la roue.

En prenant, comme l'ont fait les astronomes, la moitié du nombre des degrés dont le soleil se déplace dans l'écliptique, pour connaître son passage dans l'équateur, il y a une erreur très-sensible, surtout à l'égard de ceux qui se trouvent dans une partie de l'hémisphère éloigné des tropiques telle que la France, l'Allemagne, la Russie, l'Angleterre : parce que les rayons qui conduisent de leur situation au soleil, lorsqu'il est à son périgée, sont plus alongés que ceux qui y conduisent lorsqu'il est à son apogée : l'obliquité des premiers rayons fait que les angles formés entre chacun d'eux, sont plus ouverts lorsqu'ils aboutissent sur notre méridien que ne le sont ceux d'entre l'équateur et le tropique du cancer lorsqu'ils aboutissent au même méridien ; par la même raison, ceux qui mesurent de Paris doivent trouver un plus grand nombre de degrés, depuis l'équateur jusqu'au tropique du capricorne. Un astronome qui serait placé à quarante degrés de latitude sud, trouverait l'inverse.

Pour s'en convaincre, il suffit de jeter les yeux sur la figure troisième, l'on verra que pour mesurer, depuis l'équateur jusqu'au tropique du capricorne, sur la ligne transversale qui est au sommet de l'équateur, la distance qu'elle représente, il ne faudra que vingt-cinq degrés; et que, pour mesurer la même distance, depuis l'équateur jusqu'au tropique du cancer, il faudra environ trente-huit degrés. Si un astronome voulait savoir au juste le vrai lieu de l'équateur, il faudrait qu'il se plaçât sous le soleil au moment des équinoxes et qu'il s'assurât du nombre de degrés dont le soleil se déplace réellement dans l'écliptique, et qu'il en prît la moitié pour en fixer le véritable lieu de l'équateur; alors il rencontrerait juste. La planche figure 4 démontre cette vérité, fondée sur ce qu'alors de chaque côté il y a parité d'ouverture d'angles et égalité relative de rayons. Ce même astronome serait bientôt assuré que ceux-là étaient grandement dans l'erreur, en se figurant le soleil plus près de la terre en hiver qu'en été.

C'est encore une grande erreur des astronomes de prétendre que le soleil est plus près de la terre en hiver qu'en été. Ils disent eux-mêmes et c'est une chose vraie, que le soleil à chaque tropique est distant de l'équateur de 23 degrés et demi. Si en hiver le soleil était plus bas, il est certain qu'il s'abaisserait au-dessous de l'équateur de plus de 23 degrés et demi, et puisqu'il ne s'écarte pas plus de l'équateur à un tropique qu'à l'autre, c'est une preuve matérielle, de la plus grande évidence, qu'il n'est pas plus près de la terre dans l'un que dans l'autre temps. D'ailleurs ne s'abaisserait-il que d'un demi-degré, sa révolution diurne ne s'exécuterait plus dans des temps égaux. La longueur du jour ne serait plus la même, il y aurait perturbation dans sa marche, et l'harmonie générale en serait troublée.

Lors donc que les astronomes se sont figurés que les 48 degrés 50 minutes qu'ils donnaient d'élévation au pôle, à Paris, valaient réellement 48 degrés 50 minutes, mesuré du centre de la terre, ils ont commis une très-grossière faute, ce que nous avons déjà expliqué, et ce dont on peut s'assurer à l'inspection de la figure 5. Car du centre du cercle, ouvrez de chaque côté de l'équateur un angle à 48 degrés, prolongez les rayons bien au-delà de la circonférence; ouvrez ensuite sur la circonférence du même cercle, à l'endroit où l'équateur la croise, deux angles, l'un à droite et l'autre à gauche, de chacun 48 degrés ; prolongez les rayons aussi longs que ceux des premiers angles, vous les trouverez parallèles, dans toute leur étendue, avec ceux qui partent du centre du cercle ; et pour les faire rejoindre, il faudrait nécessairement donner plus d'ouverture aux angles qui partent de la circonférence, ou retrancher de ceux qui partent du centre du cercle ; donc que 48 degrés mesurés de la circonférence ne valent pas 48 degrés mesurés du centre ; et notre pôle, dont on mesure la hauteur sur la surface de la terre, se trouve être un tiers en plus qu'il ne se trouverait mesuré du centre.

En suivant cette vicieuse méthode, le soleil ne serait qu'à cinq cents lieues au-dessus de la terre ; on lui trouverait toujours une ouverture d'angle de 90 degrés, en donnant à la hauteur du pôle le complément de l'ouverture de l'angle formé par l'élévation du soleil au-dessus de l'horizon.

C'est donc pour avoir considéré ce complément comme la véritable hauteur du pôle que les astronomes ont fait de la nature un tableau gigantesque, un assemblage disparate d'objets monstrueux, d'une complication inintelligible, et que les philosophes ont raisonné sur la nature des corps célestes d'une manière invraisemblable et absurde. A leurs yeux, les cirons sont des colosses qui renferment de vastes empires ; le *nec plus ultrà* de l'exagération est cette proposition : que la terre est plus petite relativement au diamètre de la sphère du soleil qu'un grain de sable ne l'est relativement au volume entier de la terre. Buffon, *Époques de la nature*, tome IV, page 168. Il est étonnant qu'un homme aussi judicieux et aussi bon logicien que l'était le chantre immortel de la nature, ait donné, tête baissée, dans de pareilles bévues : aurait-il été influencé par la brillante réputation de Newton ?

L'opinion commune des astronomes est que le soleil rétrograde lentement dans l'écliptique, parce que, disent-ils, Hipparque, qui vivait il y a deux mille ans, trouvait qu'au moment des équinoxes le soleil répondait au commencement du signe du bélier, et aujourd'hui, il est encore dans celui des poissons; de sorte qu'il lui faut au moins trois jours de plus pour y arriver actuellement. Si ces messieurs y ont fait attention, il nous semble que pour Hipparque l'équinoxe n'arrivait qu'au 24 mars, et aujourd'hui au 24 mars, quoique le soleil ne soit plus dans l'équinoxe, il n'en répond pas moins au signe du bélier; d'ailleurs si, comme Hipparque, ils faisaient leurs observations à Alexandrie, en Égypte, qui se trouve près du tropique, ils verraient que le soleil n'a point changé de place. Il en est de même que si l'on plaçait un petit cercle dans le plan d'un bien plus grand, de manière à les faire coïncider dans toute leur étendue, et qu'ensuite on s'éloignât vers l'un des pôles, il est certain que pour l'observateur, le petit cercle paraîtrait plus éloigné, et le grand plus près; comme les étoiles décrivent de plus grands cercles que le soleil, celui-ci, pour les peuples qui sont vers les pôles de la terre, doit être au-dessous des étoiles avant de le paraître, parce que

l'élévation des étoiles nécessite une plus grande ouverture d'angle ; de même, lorsque le soleil s'en va du
tropique du cancer dans l'équateur, il paraît se trouver dans l'équinoxe avant d'y être réellement, c'est là
le vrai motif pour lequel on a cru que le soleil em-
ployait six à sept jours de plus à parcourir notre hémisphère que celui qui nous est opposé. Ce qui vient
encore confirmer notre opinion, c'est que dans l'Allemagne et la Russie, les équinoxes d'automne et de
printemps arrivent plusieurs jours avant les nôtres.

Nous avons dit qu'Hipparque trouvait qu'à Alexandrie, en Égypte, où il faisait ces observations, l'équinoxe
du printemps, qu'il faisait coïncider avec l'équateur,
arrivait au 24 mars : s'il eût été sous l'équateur, pour
lui le véritable lieu des équinoxes n'aurait eu lieu qu'au
25 mars ; mais pour ne point chicaner sur des objets
futiles, admettons que le soleil se trouve réellement
dans l'équateur au 24 mars, il se trouvera alors élevé
de 42° 42' au-dessus de l'horizon, lesquels auront pour
complément 47° 48' ; notre pôle n'est donc pas élevé
à 48° 50' : actuellement retranchons le tiers de la
hauteur que l'on trouve au pôle en mesurant de la
circonférence de la terre, afin d'avoir la hauteur qu'il
aurait étant mesuré du centre, il ne nous restera que 32°
12', qui, ajoutés à 42° 42', élévation du soleil au-
dessus de l'horizon, donneront ensemble 74° 54',
ouverture réelle de l'angle sphérique rectangle. Les
astronomes, au lieu d'opérer par la voie d'un triangle sphérique rectangle, ont eu recours aux sinus :

ils ont encore erré, car ils ont agi comme s'ils eussent été au centre *a*, figure 2, et ils étaient réellement au centre *c*. Leurs sinus, tangentes, sinus verses, etc., ne pouvaient donc se rapporter à ceux qui auraient été pratiqués au centre *a*, et leur opération était vicieuse. S'il s'agissait de mesurér un angle interne, cette méthode serait bonne et produirait un résultat satisfaisant; mais dès qu'il s'agit de mesurer un angle externe, elle est vicieuse et ne peut conduire qu'à l'erreur.

De la dimension du Soleil et de sa distance à la Terre.

Nous venons de dire que la hauteur de notre pôle, mesuré du centre de la terre, ne pouvait être que de 52° 12', auxquels il faut ajouter 42° 42', ouverture de l'angle formé par l'élévation du soleil au-dessus de l'horizon lorsqu'il est dans l'équateur, ce qui forme un angle ouvert de 74° 54'. Nous avons pris pour base la ligne *c* de la planche 6, à laquelle nous accordons douze cents lieues d'étendue. En opérant par logarithmes, le soleil se trouve à quatre mille cinq cents lieues de la terre, et son diamètre est de quarante-cinq lieues, au lieu de trois cent trente mille lieues que lui accordent les astronomes. La différence est grande ; ils pourront nous accuser d'être atomiste : quelle que soit leur opinion, nous ne sommes pas moins dans la pensée que le diamètre que nous trouvons au soleil excède encore de beaucoup celui qu'il a réellement, et nous fondons cette opinion sur ce que, d'après les opérations des astronomes et la nôtre, le soleil et la lune se trouvent toujours éloignés de la terre d'une distance égale à cent fois la longueur de leur diamètre, circonstance qui aurait dû les faire réfléchir, et qui ne peut provenir que du défaut de sphéricité de la terre; car, comme nous l'avons dit, l'effet du foulage atmosphérique ayant fait refluer les eaux qui environnaient la terre sous l'équateur et même entre les cercles polaires, vers les pôles, et dans leur mouvement pour s'y reporter, ces eaux auront dû nécessairement entraîner une quantité de terre d'autant plus considérable, qu'elle était délayée et dans un état vaseux.

Les masses les plus solides, telles que les pierres, les bancs de coquillages solidifiés et dont la pétrification était plus ou moins avancée, les bancs argileux sur lesquels l'eau a très-peu de prise, auront résisté à ce mouvement et se seront maintenues; les interstices de ces bancs sont les ravines qui servaient d'écoulement aux derniers amas d'eau, tandis que ces groupes restés isolés forment les montagnes. C'est donc réellement ainsi qu'ont été formées les montagnes; elles en portent en elles-mêmes la preuve la plus évidente, en ce que leurs noyaux se composent de pétrifications de végétaux et d'animaux, dont les sédiments annoncent qu'ils ont été habitants des eaux dont la terre a été couverte.

Ces grands mouvements des eaux qui ont formé les montagnes, n'ont été eux-mêmes occasionnés que par les cataclysmes ou déluges que la terre a subis, et dont elle n'est peut-être pas exempte de voir le retour. En voici le motif que nous donnons comme probable, en raisonnant selon les principes des lois physiques et d'une manière analogue à l'ordre et aux besoins de la nature.

La nature dans son ensemble est éternelle comme Dieu même; mais la terre qui est le point d'appui et la pièce principale du mécanisme entier , puisque c'est d'elle que tous les autres corps tirent leurs moyens d'existence , a besoin pour l'accomplissement de ses fonctions d'être renouvelée à sa surface pour y entretenir une couche de terre végétale capable d'alimenter les végétaux et autres êtres dont elle est peuplée. Après une longue suite de siècles d'existence , la surface de la terre aura été altérée de manière à ne plus être assez substantielle pour alimenter les animaux et les végétaux; il aura fallu que Dieu avisât aux moyens d'y remédier; le moyen qui aura paru le plus convenable, puisqu'il était conforme aux lois physiques, aura été de changer le cours des astres , et de les faire marcher dans un sens transversal; de manière que les astres qui enveloppaient alors la terre du nord au sud, auront été dirigés dans le sens du couchant et du levant actuels. Et les pôles actuels étaient sous l'équateur, et par conséquent soumis à un haut degré de chaleur. Les eaux des mers s'y trouvaient refluées vers les points du couchant et du levant actuels , en laissant à nu les pôles actuels. Mais ce changement de direction des astres aura, par l'effet de la chaleur et de la forte pression atmosphérique qui en est la conséquence, refoulé les eaux de la place qu'elles occupaient alors , dans l'emplacement de l'équateur actuel, vers les pôles , que l'ancien équateur avait mis à nu ; et c'est dans ce mouvement que nécessitait le déplacement des eaux, que les montagnes se sont trouvées formées.

Il en est résulté que le fond des anciens bassins se

sera trouvé à nu, et sera devenu habitable à mesure qu'il aura acquis un certain degré de consistance ; et les végétaux y auront d'autant mieux produit, que ces terrains neufs ne se trouvaient composés que de débris d'animaux qui avaient peuplé ces bassins, et des végétaux qui y avaient existé, ou y avaient été charriés par les fleuves et les pluies ; ces nouveaux terrains, ne se trouvant composés que de molécules organiques, devaient produire avec un luxe et une profusion extraordinaires, et la surface de la terre se trouvait renouvelée et rajeunie.

De nombreux monuments attestent la vraisemblance de cette opinion : ce sont les ossements épars à la surface de la terre, d'éléphants, de rhinocéros, d'hippopotames, et d'autres animaux encore plus colossaux, et dont l'espèce n'existe plus, que l'on trouve sur le plateau de la haute Sibérie, dans notre hémisphère, et sur les bords du fleuve Hohiau, dans l'Amérique septentrionale ; ces deux points opposés de la surface de la terre paraissent avoir été sous l'équateur, puisque les débris de ces grands animaux ne pouvaient exister que sous une température égale à celle de la zone torride actuelle. Ils n'ont pu y être charriés par aucune circonstance ; ils auront péri, ensevelis sous les eaux, dans les lieux mêmes qui leur avaient donné naissance ; leurs masses ayant résisté au mouvement des eaux, ils sont restés sur les lieux où ils ont été submergés, comme témoins irrécusables du grand événement dont ils ont été victimes.

Le soleil se déplace dans l'écliptique, de chaque côté de l'équateur, d'une distance égale à 47 fois la longueur de son diamètre à peu près; c'est un déplacement journalier, sur le méridien, de l'étendue de son volume. S'il avait 330,000 lieues de diamètre, à chaque tropique, il serait au-delà du pôle correspondant à plus de trente millions de lieues; dès long-temps avant et après les équinoxes, les peuples qui avoisinent les pôles, auraient continuellement le soleil sur leur horizon; il n'y aurait non plus point d'éclipses de lune, parce que leur éloignement de la terre et leurs volumes feraient qu'ils se verraient toujours : les éclipses du soleil ne seraient pas sensibles, puisque le diamètre de la lune ne serait que la quatre cent deuxième partie de celui du soleil; il serait donc impossible qu'une boule d'un pied pût éclipser une boule de quatre cent deux pieds, ou soixante-sept toises de diamètre. Par quel effet magique un pareil système a-t-il trouvé créance dans l'esprit des hommes sensés? Quoi ! l'Europe civilisée et savante, l'Europe qui fourmille d'hommes d'esprit, a consenti servilement à fléchir pendant des siècles sous un pareil système. *O tempora ! ô mores !*

Dites-nous un peu, êtres pensants, croyez-vous de bonne foi que si le soleil était cent fois aussi étendu que la terre, lorsqu'il serait dans l'équateur, il ne ferait pas aussi chaud dans un lieu de la terre que dans l'autre, puisqu'il la couvrirait dans toute son étendue? Toutes les parties de la surface de la terre en seraient à la même distance, et l'intensité de la chaleur égale ; c'est là une de ces vérités que personne ne peut révoquer. Tandis que l'Allemagne, la Suède, la Russie et le reste du nord ne voient fondre leurs frimats qu'à la fin d'avril, et dans le midi de la France et de l'Espagne, la végétation est déjà dans toute son activité, et la chaleur très-élevée. Si le soleil était un million de fois aussi gros que la terre, ces immenses plages de glaces éternelles qui couvrent les mers du nord et les pôles du sud, ne fondraient-elles pas?

On nous dit qu'autrefois la lumière du soleil donnait dans le fond du puits de la ville de Syène; cette ville est placée dans la Haute-Égypte, à environ un degré du tropique, et aujourd'hui la lumière du soleil ne donne plus dans le fond du puits. Si le soleil avait cinquante lieues de diamètre, il est évident que sa lumière tomberait perpendiculairement à vingt-cinq lieues de chaque côté du centre de son disque, et par conséquent elle tomberait dans le fond du puits de la ville de Syène, puisqu'il n'est éloigné du tropique, c'est-à-dire de la ligne où se trouve le centre du disque du soleil, que de vingt-cinq lieues : or le soleil n'a donc pas cinquante lieues d'étendue; bien plus encore, les astronomes sont tous d'accord, et c'est une chose vraie, que le soleil n'a qu'un demi-degré de diamètre. S'il n'a qu'un demi-degré de diamètre, il ne pourrait donc couvrir que l'espace d'un demi-degré, c'est-à-dire douze lieues et demie de pays ; ainsi il n'a donc pas cinquante lieues de diamètre et encore moins 330,000 lieues. Cette dernière supposition est donc une absurdité révoltante.

Observons encore que la zone torride a environ 800 lieues de largeur, ce qui fait 400 lieues de chaque côté de l'équateur.

Or, si le soleil avait huit cents lieues de largeur, n'est-il pas de la dernière évidence que lorsqu'il est dans l'équateur ses bords seraient perpendiculairement au-dessus des deux tropiques, puisqu'il serait aussi étendu que l'espace qui règne entre eux ; car on aura beau dire que son élévation le diminue aux yeux de l'observateur, mais elle ne peut jamais en empêcher la perpendicularité ; au contraire elle y contribue beaucoup, car plus un objet est élevé, plus il approche de la perpendiculaire à l'observateur. Il s'en faut même de beaucoup que le soleil soit perpendiculaire aux tropiques puisque leur zénith fait avec son disque un angle de vingt-trois degrés, lorsqu'il est dans l'équateur ; et comme vingt-trois degrés font cinq cent soixante-quinze lieues, il s'en faut deux fois cinq cent soixante-quinze lieues que le soleil n'ait huit cents lieues de diamètre.

N'est-il pas de la dernière évidence que si le soleil avait trois cent trente mille lieues de diamètre, et par conséquent était cent dix fois aussi étendu que la terre, cette dernière ne pourrait dérober la lune à ses rayons, à moins qu'ils ne fussent tous deux précisément dans l'équateur et diamétralement opposés : puisque, hors ce seul cas, le soleil se trouvant hors les pôles de la terre, aurait toujours la lune en perspective. Comme le soleil se déplace chaque jour dans l'écliptique de l'étendue de son volume, c'est-à-dire de trois cent trente mille lieues, il ne serait donc au-dessus de la terre que deux jours par an, les 25 mars et 25 septembre. Lors des tropiques, il dépasserait le pôle correspondant de plus de trente millions de lieues.

Lors d'une éclipse de lune, comme le soleil se trouverait au-dessus de la lune de plus de trente-trois millions de lieues, puisqu'on ne la dit éloignée de la terre que de quatre-vingt-quatre mille lieues, il est certain que l'éclipse ne serait pas visible à la fois sur vingt lieues carrées, tandis qu'elle est visible au même instant pour l'Europe entière; c'est donc une preuve qu'elle est aussi volumineuse que le soleil, et qu'elle en passe très-près; peut-être n'en est-elle pas éloignée de cinq lieues; et la preuve encore qu'elle en est très-près, c'est qu'il la devance tous les jours, parce qu'elle donne plus d'obliquité que lui à ses contours : car si elle les serrait autant que lui, elle le devancerait, parce que sa sphère est moins étendue.

Pour se figurer les mouvements du soleil et de la lune autour de la terre il n'y a qu'à supposer la terre un corps rond et alongé, placé au centre d'un tonneau. Les cercles qui enveloppent le corps du tonneau représentent les cercles décrits par le soleil, la lune et les planètes. La lune, pour aller d'un bout du tonneau à l'autre, trace quatorze cercles, et le soleil, pour faire le même chemin, en trace cent quatre-vingt-deux. Il est constant que ceux décrits par la lune sont bien plus espacés que ceux décrits par le soleil : ayez une corde, faites-en quatorze tours autour du tonneau, depuis un bout jusqu'à l'autre , en les espaçant également, ils représenteront le mouvement de la lune autour de la terre. Ensuite, avec la même corde prolongée suffisamment , faites autour du tonneau, depuis un bout jusqu'à l'autre , cent quatre-vingt-deux tours également espacés, ils vous représenteront les mouvements du soleil. Si, arrivé au bout du tonneau, vous faites la même opération vers le bout opposé, vous représenterez les mouvements rétrogrades du soleil et de la lune, lorsqu'ils sont arrivés aux tropiques. Vous verrez également que le soleil décrit treize fois autant de cercles autour du tonneau, pour aller d'un bout à l'autre, que la lune, et comme chacun d'eux retourne sur ses pas dès qu'il est arrivé au bout de la terre, il en résulte que la lune fait treize fois le voyage contre le soleil une : voilà pourquoi nous avons par an treize cours de lune contre un cours de soleil.

Il y a une remarque bien plus palpable à faire, et qui démontrera , avec la dernière évidence, le ridicule du système actuel ; on dit que le soleil est immobile et que la lune tourne à l'entour de la terre d'orient en occident. Si le fait était vrai, la lune ne retarderait pas de trois quarts d'heure par jour ; elle serait au contraire toujours en avant du soleil. Lorsqu'il doit y avoir une éclipse de lune, si le soleil était immobile, il faudrait (supposons que l'éclipse dût avoir lieu à dix heures du matin) que la lune se trouvât derrière le soleil, c'est-à-dire au levant, et qu'en continuant son cours, elle se rencontrât au-dessous de lui, et finît par le devancer. Qu'arrivet-il, au contraire, lors d'une éclipse qui doit avoir lieu, supposons à deux heures du soir ? A midi, le soleil est derrière la lune, du côté du levant ; à une heure, il en est très-près ; à deux heures, il est au-dessus d'elle ; et à quatre heures, il la devance et se couche avant elle : donc qu'il tourne dans le même sens qu'elle, puisqu'il la rattrape et finit par devancer. S'il était immobile, au contraire, elle le devancerait tous les jours.

Si le soleil et la lune ne parcouraient pas l'écliptique dans le sens que nous l'expliquons, leur position, relativement à la terre, changerait à chaque instant, tandis qu'elle est toujours la même. Si la lune, qui est moins éloignée que le soleil, serrait autant ses cercles que lui, elle se trouverait toujours le devancer ; mais l'obliquité qu'elle donne à ses contours fait qu'elle retarde, parce que le soleil s'élève plus perpendiculairement : c'est là le motif de son retard diurne, vérité incontestable, puisqu'elle s'accorde avec l'apparence et avec la cause physique des mouvements, tels que nous les expliquons ; cette cause est générale et uniforme, elle est aussi simple que le sont les lois de la nature, qui n'est compliquée et variée que dans ses produits et effets.

Si la terre tournait de l'occident vers l'orient, et la lune de l'orient vers l'occident, il en résulterait qu'ils se rencontreraient sur notre méridien deux fois en vingt-quatre heures, et que par conséquent il y aurait tous les jours nouvelle lune, et tous les jours pleine lune, comme nous allons l'expliquer dans l'analyse de la *plan-*

che **VII**, dont le premier cercle représente la terre, le second celui que la lune décrit, le troisième celui que parcourt le soleil.

Figurons-nous que le soleil et la lune sont dans l'équateur, et que la lune est pleine, c'est-à-dire qu'elle se lève au moment où le soleil se couche ; le soleil sera donc en B, la lune en D, et notre méridien en A.

Si la terre tourne vers l'orient et la lune vers l'occident, et que le soleil reste immobile, il est certain que la lune et notre méridien se rencontreront à neuf heures du soir, puisqu'ils auront avancé de chacun trois heures, en sens opposé, et auront fait autant de chemin que si la lune seule eût avancé pendant six heures ; nous aurions donc la lune à neuf heures du soir sur notre méridien, tandis qu'elle n'y arrive réellement qu'à minuit ; parce que la terre immobile et la lune tournant seule, il lui a fallu six heures de marche pour venir depuis le point de son lever jusqu'à notre méridien. Tandis que si la terre tournait dans un sens et la lune dans l'autre, il ne leur faudrait réellement que trois heures pour se rencontrer au même point, puisqu'ils auraient fait autant de chemin l'un que l'autre.

A minuit, la lune sera en A, notre méridien en D, le soleil qui est toujours resté immobile sera en B.

A trois heures du matin, notre méridien sera en H, la lune en F, et par conséquent à nos antipodes.

A six heures du matin, la lune sera en B, et par conséquent sous le soleil, et notre méridien sera en C.

La lune aura donc devancé le soleil de six heures

sur dix-huit ; il y aura donc une nouvelle lune un jour de pleine lune, par conséquent il n'y aura pas un seul jour de l'année où il n'y ait pleine lune et nouvelle lune.

A neuf heures du matin, la lune sera en G, et notre méridien aussi, parce que depuis le point E, ils auront mis l'un et l'autre douze heures pour se rencontrer sur le rayon opposé ; nous aurons donc la lune sur notre méridien de douze heures en douze heures.

A midi, notre méridien se trouvera en B, et par conséquent au midi du soleil, puisqu'il n'aura pas bougé de place, et la lune sera en C.

A trois heures, la lune sera en H et notre méridien en F.

A six heures, la lune en D et notre méridien en A.

A neuf heures, la lune et notre méridien seront en E ; il est donc de la dernière évidence qu'ils se rencontreront deux fois par jour sur le même méridien.

Actuellement expliquons la réalité des mouvements du soleil et de la lune autour de la terre qui est immobile.

Nous supposons, comme dans le cas précédent, que le soleil se couche au moment où la lune se lève, et que tous les rayons de cette planche sont espacés de trois heures en trois heures, notre méridien sera donc en A, la lune en D, et le soleil en B. A neuf heures du soir la lune sera en E, le soleil en G, à minuit la lune sera sur notre méridien et le soleil en C, et par conséquent à minuit, ce qui est bien conforme à la réalité.

A trois heures du matin, le soleil sera en H, la lune en F.

A six heures du matin, le soleil se lève en **D**, la lune se couche en **B** : est-ce bien encore conforme aux faits?

A neuf heures du matin, le soleil est en **E**, la lune en **G** ; à midi le soleil est en **A**, sur notre méridien ; la lune est en **C** à nos antipodes.

A trois heures, le soleil est en **F**, la lune en **H**.

A six heures, le soleil se couche en **B**, la lune moins ses trois quarts d'heure de retard se lève en **D**.

Admettons encore, pour prouver que c'est ainsi que le soleil et la lune se meuvent autour de la terre, que l'on fasse une horloge ou pendule dont la circonférence du cadran sera divisée en vingt-quatre parties égales; que les deux aiguilles tourneront dans le même sens ; mais dont l'une comme le soleil fera son tour en vingt-quatre heures, et l'autre comme la lune fera le sien en vingt-quatre heures 50'. Qu'on les fasse partir ensemble à midi, il est certain que vingt-quatre heures après celle des aiguilles qui représentera le mouvement du soleil sera revenue à midi, et celle qui représentera la lune en sera au bout de vingt-quatre heures éloignée de 50', puisqu'il lui faut 50' de plus qu'au soleil pour parcourir le même chemin. Comme 50' font la vingt-huitième partie de vingt-quatre heures, il en résultera que tous les jours l'aiguille qui représente la lune, retardant sur celle qui représente le soleil d'un vingt-huitième, au bout de vingt-huit jours l'aiguille qui représente le soleil aura rattrapé l'autre et gagné un tour sur elle, en sorte qu'elle fera vingt-neuf tours contre elle vingt-huit, et que tous les vingt-huit jours, en la rattrapant, elle recommencera à la dépasser parce qu'elle va plus vite, et c'est en la rattrapant et en la dépassant qu'elle figurera la nouvelle lune. Il a été impossible à l'aiguille qui représente le mouvement du soleil de rattraper l'autre avant le vingt-huitième jour, puisque cette dernière n'a retardé chaque jour sur le mouvement de l'autre que d'un vingt-huitième.

Nous n'avons donc la nouvelle lune que tous les vingt-huit jours, parce que la lune retarde chaque jour la vitesse de son pas sur celui du soleil d'un vingt-huitième, et au bout de vingt-huit jours le soleil a fait un tour de plus que la lune, et comme il continue toujours à aller le plus vite, dès qu'il l'a rattrapée il passe par-dessus, occasionne une nouvelle lune, et continue son même mouvement en la devançant toujours d'un vingt-huitième par jour, et la rattrapant au bout de vingt-huit jours.

Au contraire, si celle des deux aiguilles qui représente le soleil était immobile, et que celle qui représente la lune tournât seule, il en résulterait certainement que toutes les vingt-quatre heures 50 minutes, l'aiguille qui représente le mouvement de la lune passerait sur celle qui représente le soleil, et puisqu'il y a nouvelle lune toutes les fois que les deux aiguilles se rencontrent, il y aurait nouvelle lune tous les vingt-quatre heures 50 minutes, et pleine lune tous les vingt-quatre heures 50 minutes, puisqu'il y aurait pleine lune lorsque la lune serait diamétralement opposée au soleil, et qu'elle y serait tous les jours. Et au bout de vingt-huit jours, attendu que la lune aurait graduellement retardé d'un tour, en se trouvant sous le soleil pour recommencer son point de départ, et y revenant vingt-quatre heures 50 minutes après, il y aurait tous les vingt-huit jours deux nouvelles lunes dans l'hémisphère où serait le soleil, et deux pleines lunes dans l'hémisphère opposé, et ce, dans le même jour.

Ainsi donc, d'après l'évidence des faits et les explications que nous venons de donner, qui y sont entièrement conformes, joints à l'opinion d'un grand nombre de savants qui n'ont pu se refuser à cette évidence, et qui, comme Cassini, dans son *Traité d'astronomie,* regardent l'opinion du mouvement de la terre comme hypothétique, il doit paraître certain à tout homme doué de quelque peu de logique, que ce ne peut être la terre qui tourne : les principes des lois physiques et les règles de la mécanique justifient le contraire.

Si les astronomes, d'après le ridicule et monstrueux système de Copernic, ont continué à entretenir le monde dans la croyance de ce système illusoire, c'est par suite des erreurs mathématiques dans lesquelles ils sont tombés, en mesurant la distance et la dimension du soleil, ce qui les a conduits à croire que ce globe pouvait être un million de fois aussi volumineux que la terre, et qu'avec un tel volume il lui était physiquement impossible de circuler dans l'espace avec la vitesse nécessaire à l'accomplissement journalier de la circonférence qu'il lui aurait fallu parcourir; et que dans le cas où il aurait pu le faire, le tourbillonnement que ce mouvement eût occasionné à l'atmosphère , eût entièrement bouleversé l'harmonie céleste.

Nous allons donner un résumé de nos idées sur l'ensemble de l'univers matériel, tel que nous l'avons conçu et développé.

RÉSUMÉ.

Le tableau sublime des cieux doit forcer tout être pensant à l'admiration , car , quelle variété! quelle grâce! quelle harmonie! mais quelle hardiesse dans l'exécution! quel ordre dans la disposition! quelle exactitude et quelle régularité dans les mouvements. Élevons-nous encore plus haut : quels moyens dans le choix et la délicatesse des ressorts qui font mouvoir ce chef-d'œuvre! quelle simplicité d'action ! quelle puissance de ressort dans une matière invisible et impalpable, par des agents qui ne se rencontrent nulle part et qui existent partout ! qui ne se mêlent, ne se livrent de rudes combats , des chocs terribles que pour rétablir l'ordre et l'équilibre ; ne se détruisent réciproquement que pour renaître de leurs débris, avec une énergie toujours la même ! forcés d'obéir constamment au feu, cette puissance invisible qui les maîtrise incessamment , ne leur laisse aucun repos, et les transporte sans cesse au milieu des combats.

L'ensemble de l'univers matériel se compose de la terre et de tout le mécanisme céleste ; la terre fixe et immobile forme le centre et le point d'appui de l'univers ; elle se soutient suspendue au milieu de l'air qui l'environne, parce que son enveloppe ou croûte extérieure est seule matérielle, et de deux à trois lieues d'épaisseur, au plus, formant dans son intérieur un vide immense qui seul peut contribuer à la rendre légère. Ce globe a environ quinze mille lieues de circonférence sur cinq mille lieues de diamètre. Cependant comme le poids de l'atmosphère est très-considérable sous l'équateur, et qu'il en résulte un refoulement des mers de l'équateur vers les pôles, la terre doit se trouver alongée dans le sens des pôles et rétrécie sous l'équateur.

Le soleil, la lune et tous les autres corps célestes, sont des globes très-légers qui se soutiennent dans leurs sphères, par leur excédant de légèreté spécifique sur le fluide qui les environne : ils ne peuvent s'abaisser vers la terre, parce qu'à volume égal ils sont plus légers que la couche d'air sur laquelle ils glissent; ils ne peuvent s'élever plus haut, parce que l'air supérieur à leurs sphères est de plus en plus raréfié et ne pourrait les soutenir. Ils sont donc enchaînés dans chacune leurs sphères sans pouvoir s'en écarter.

Le soleil et la lune sont éloignés de la terre d'une distance égale à l'étendue du plus grand diamètre de cette dernière, qui est d'environ cinq mille lieues.

Ces deux globes ont à peine chacun cinq lieues de diamètre, et lorsqu'ils se rencontrent, c'est-à-dire à chaque nouvelle lune, ils ne sont éloignés l'un au-dessus de l'autre que d'une distance égale au diamètre de l'un d'eux, et par conséquent d'environ cinq lieues.

Tous deux tournent à l'entour de la terre, dans le même sens, du levant au couchant ; le soleil emploie 24 heures justes à faire son tour ou à décrire la circonférence de son cercle journalier, et la lune emploie à décrire son cercle journalier 24 heures 50 minutes, c'est-à-dire qu'elle emploie par jour environ trois quarts d'heure plus que le soleil. Leurs mouvements à l'entour de la terre imitent les pas d'une vis ou les filets d'une spirale que représente un tire-bouchon creux ; cette forme de mouvement est nécessaire tant dans l'intérêt de la terre que dans celui de leurs fonctions. Car leur mouvement de va et vient, d'un tropique ou d'un solstice à l'autre, fait que leur influence salutaire se fait sentir successivement sur toute la surface de la terre. Ce qui n'aurait pas lieu sans cela.

Depuis le 24 décembre, jour où le soleil est au tropique du capricorne ou solstice d'hiver, jusqu'au 24 juin où il est au tropique du cancer ou solstice d'été, le soleil emploie six mois ou 182 jours et demi : il décrit par conséquent 182 tours de sa spirale journalière. Dès qu'il est arrivé à l'un des tropiques ou solstices, il continue toujours à tourner dans le même sens; mais en se repliant sur lui-même, pour se rapprocher progressivement du tropique opposé, et en croisant obliquement sa première marche, de manière à visiter les deux tropiques dans le cours d'une année.

La lune va aussi constamment d'un tropique à l'autre ; mais au lieu de faire le chemin en six mois, comme le soleil, elle le fait en 14 jours à peu près, de manière qu'elle visite les deux tropiques dans le cours d'environ 28 jours; c'est pourquoi il y a par an douze mois ou cours lunaires et entiers, contre un cours ou une année solaire. C'est là le motif de l'établissement des mois et des années. Les mois ont été fixés sur les cours lunaires, et les années sur les cours solaires, avec la différence qui existe entre les cours lunaires et la longueur des mois.

Le soleil dans son cours semble espacer les filets de la spirale ou cercle journalier qu'il décrit, d'un peu plus de l'étendue de son diamètre, ou d'environ six lieues et demie; de manière qu'en faisant le chemin d'un solstice à l'autre, il parcourt sur le méridien un espace de 182 fois et demie, six lieues et demie, ou environ 1180 lieues, ce qui répond assez à l'espace qui existe d'un solstice à l'autre ; car le soleil s'échappe dans l'écliptique de chaque côté de l'équateur de 23 degrés et demi, qui, à 25 lieues par degré, donnent 587 lieues de chaque côté, ce qui fait pour les deux côtés, ou la distance de l'un à l'autre tropique, 1175 lieues, tels que les astronomes les comptent.

La lune qui pour aller d'un tropique à l'autre n'emploie que 14 jours, fait donc sur le méridien en 14 tours de spirale le même chemin que le soleil ne fait qu'en 182 tours et demi de spirale; par conséquent les filets de sa spirale ou cercles journaliers doivent être à peu près 13 fois aussi espacés que ceux du soleil ; voilà pourquoi nous avons par an 12 cours et un tiers lunaires contre un cours de soleil. Ce fait est encore confirmé par l'expérience, car le soleil s'échappe chaque jour dans l'écliptique d'environ un demi-degré, tandis que la lune s'échappe chaque jour d'environ sept degrés ou 14 fois l'étendue de son diamètre.

Les fonctions de la lune consistent à analyser celles des émanations de la terre qui se sont élevées jusqu'à elle ; elle tient lieu d'alambic à la nature. Le fluide atmosphérique qui a été élaboré par elle devient homogène et totalement inflammable ; il prend en s'échappant du disque de la lune son ascension vers la sphère du soleil, et le résidu qu'elle a séparé est renvoyé vers la terre.

Les fonctions du soleil consistent à enflammer le gaz inflammable qui s'élève jusqu'à lui ; l'action même de la déflagration ou de l'incandescence du gaz produit la lumière qui éclaire l'univers, et le résultat de la lumière, ou si l'on veut les débris du gaz enflammé constituent le calorique ou feu solaire qui nous est renvoyé vers la terre pour animer la nature, et faire disparaître l'état de torpeur auquel, sans lui, elle serait abandonnée, et par conséquent privée de vie et de mouvement.

Le soleil est lumineux par lui-même, parce que c'est sur la surface de son disque que s'opère la déflagration du gaz inflammable ; tandis que la lune qui ne fait qu'analyser ce fluide, ne produit aucune lumière par elle-même ; celle qu'elle nous envoie n'est que la réverbération de celle qu'elle reçoit du soleil : la lune ne nous renvoie pas de calorique, parce qu'étant un corps rond, les rayons caloriques en arrivant du soleil à son disque sont seulement fléchis et dispersés obliquement dans l'espace ; tandis que si son globe était carré ou concave, le calorique qu'elle reçoit pourrait nous être renvoyé en partie.

Les planètes sont aussi de petits globes, dont le volume, pris séparément, n'égale pas le vingtième de celui de la lune ; leurs fonctions, comme celles de la lune, consistent à analyser, en dernier lieu, le fluide qui doit servir d'aliment aux feux du soleil et à celui des étoiles ; comme la lune, ces globes vont d'un tropique à l'autre en plus ou moins de temps.

Les unes sont au-dessous du soleil, les autres au-dessus ; mais toutes au-dessus de la lune et au-dessous des étoiles.

Les étoiles sont des globes exceptionnels, dont le volume n'est rien, le brillant de leur lumière peut seul les rendre visibles ; toutes sont au-dessus du soleil, mais à une très-petite distance.

Le soleil, la lune, ainsi que les autres corps célestes, étant tous éloignés de la terre d'environ cinq mille lieues, décrivent journellement des cercles de quinze mille lieues de diamètre, et de quarante-cinq mille lieues de circonférence, de manière que chacun d'eux parcourt environ trente-deux lieues par minute, à l'exception des étoiles qui sont vers les pôles, lesquelles, comme nous allons le voir, ont des circonférences journalières moins étendues à parcourir.

Parmi les corps célestes, les étoiles sont les seules qui décrivent des cercles parfaits, c'est-à-dire dont le mouvement ne s'exécute point en spirale, comme ceux du soleil et des planètes. Aussi les étoiles se lèvent constamment aux mêmes points du ciel ; elles sont placées à l'entour de l'atmosphère terrestre , comme le seraient des cercles de fil de laiton placés les uns à côté des autres , sur toute la surface d'une boule, dont les plus grands seraient sur le milieu de la boule , diminuant de plus en plus à mesure qu'ils approcheraient des deux pôles de la boule. De même les étoiles qui approchent de l'équateur décrivent les plus grands cercles , et celles qui s'en éloignent en décrivent de plus en plus petits , à mesure qu'elles approchent des pôles de l'atmosphère : mais toutes emploient le même temps à décrire leurs cercles ou révolutions diurnes , soit qu'ils soient petits , soit qu'ils soient grands ; leur révolution diurne , à toutes , est de 25 heures 56 minutes; elles y emploient par conséquent quatre minutes par jour moins que le soleil , et c'est le temps de cette révolution journalière des étoiles que les astronomes nomment jour sidéral ou jour des étoiles.

Les étoiles ont pour fonctions d'enflammer le gaz inflammable qui s'élève aux dernières limites de l'atmosphère terrestre , c'est pourquoi elles sont lumineuses par elles-mêmes. Elles forment en même temps le réseau extérieur qui circonscrit notre univers; au-delà d'elles il n'existe plus rien. Elles s'opposent aux écarts de l'atmosphère de notre terre , et la concentrent sans cesse pour maintenir l'équilibre du mécanisme entier.

Ainsi disposés aux extrémités de l'atmosphère de la terre, les globes célestes ne peuvent aucunement se gêner dans leurs mouvements ; la lune qui de tous les corps célestes est la plus rapprochée de la terre, et dont le mouvement est très-oblique, porterait certainement la perturbation et le désordre parmi les autres globes, si elle n'occupait pas une sphère exclusive; mais se trouvant totalement isolée elle ne peut nuire à aucun autre mouvement.

Vénus et mercure sont des planètes intermédiaires entre le soleil et la lune, qui également dans une sphère isolée, ne peuvent ni se gêner, ni heurter d'autres globes.

Le soleil dont le cours également oblique gênerait inévitablement le mouvement des étoiles, si comme la lune il n'occupait pas une sphère exclusive; son obliquité au milieu de leur multiplicité prodigieuse, en heurterait un grand nombre, ce qui nuirait à la régularité de son cours, et porterait le plus grand désordre au milieu des étoiles qui se trouvent consignées entre les tropiques.

Les planètes supérieures au soleil occupent également une sphère particulière entre le soleil et les étoiles.

Enfin les étoiles qui existent en nombre prodigieux, et qui occupent la sphère la plus éloignée de la terre, seraient dans un état de désordre et de confusion perpétuels, si leur marche n'eût pas été fixée d'une manière fixe et invariable. Car décrivant des cercles parfaits, n'ayant aucun mouvement d'obliquité et par conséquent ne pouvant jamais se croiser, marchant toutes du même pas, la disposition des différents groupes ou constellations étant invariable, il est impossible que leur harmonie soit troublée.

L'atmosphère, ou si l'on veut la masse d'air qui enveloppe la terre, exerce contre la surface de cette dernière une pression proportionnelle à son épaisseur, qui, elle-même, est proportionnée à la quantité de calorique reçu et réfléchi par la terre. Sous l'équateur et entre les tropiques, le soleil verse sur la terre une quantité immense de calorique; ce calorique, réfléchi perpendiculairement, soulève à une grande hauteur, dans l'atmosphère, une grande quantité d'eau qu'il a volatilisée. L'atmosphère de cette zone doit donc être d'un très-grand poids ; mais à mesure que l'on s'éloigne de chaque côté de l'équateur vers les pôles, l'affluence du calorique diminue, ses rayons tombent plus obliquement, et sont réfléchis moins haut. La couche d'atmosphère doit y être proportionnellement et graduellement moins considérable. Enfin aux pôles et dans leur voisinage, le calorique est presque annihilé par l'effet de l'éloignement du soleil ; la direction de ses rayons est parallèle au niveau de ces lieux ; il n'y a donc plus ou que très-peu d'atmosphère, et la pression est nulle.

La terre, sans l'atmosphère, serait entièrement couverte d'eau, et à une égale profondeur sur toute sa circonférence; mais l'atmosphère qui n'est pas égale partout, exerce contre la terre une pression proportionnelle à son poids, et comme son poids est plus considérable entre les tropiques que vers les pôles, il en est résulté qu'une partie des eaux qui couvraient la terre entre les tropiques et même entre les cercles polaires, ont été refoulées vers les pôles, où elles ne trouvaient aucune résistance, puisqu'il n'y a pas de pression. Alors ces eaux refoulées

au-dessus de leur niveau, font constamment effort pour
le reprendre; mais l'atmosphère par son poids immense,
s'y oppose et les refoule, et ce mouvement de va et vient
des eaux vers l'équateur et réciproquement, est ce qui
constitue le mouvement des mers, connu sous le nom de
flux ou marée.

Ce mouvement d'ondulation, en se précipitant sous la
colonne d'air atmosphérique pour reprendre son niveau,
doit nécessairement forcer l'élasticité de l'atmosphère, et
lui occasionner un mouvement de balancement ou d'oscillation qui fait que celle-ci s'élève lors du flux, et
s'abaisse lors du reflux.

Ce mouvement d'élévation et d'abaissement doit
également être proportionné à la quantité d'eau qu'il
maîtrise, et par conséquent à son propre poids. Il en
résulte que sous l'équateur où le flux est le plus considérable, ce mouvement doit être plus puissant, et
qu'il doit toujours aller en diminuant de l'équateur aux
pôles où il se trouve annihilé par le défaut de pression.

Par ce mouvement d'abaissement et d'élévation suc-
cessif, l'atmosphère met tout le mécanisme céleste en
mouvement, et force les corps célestes à circuler à
l'entour de la terre; elle produit sur le mécanisme
céleste le même effet que le balancier d'une machine
à vapeur produit sur la manivelle de la roue qu'elle
fait marcher. Les corps célestes qui sont entre les tropiques, éprouvant l'action la plus forte et la plus directe, marchent les plus vites, et ceux qui s'approchent
successivement des pôles, de chaque côté de l'équa-

teur, éprouvent une action de moins en moins puissante, ralentissent leur marche dans la même proportion, de manière que l'uniformité de leur marche est fondée sur l'uniformité d'action qui les met en mouvement. Telle est la véritable base de l'harmonie céleste.

Comme chaque hémisphère agit séparément et alternativement, il s'ensuit que la régularité de leur action produit celle du mouvement général qui lui est soumise; pendant que l'atmosphère d'un hémisphère s'abaisse, celle de l'hémisphère opposé s'élève et successivement.

Tel est le résumé de nos idées sur la constitution de l'univers que nous considérons comme une véritable mécanique à vapeur et à bascule, organisée et constituée selon les vrais principes de la physique et de la mécanique. Comme dans les machines ordinaires, le feu est l'agent principal; il sert à mettre l'eau en ébullition, et à la convertir en vapeurs; ces vapeurs à leur tour, font mouvoir et alimentent le surplus du mécanisme. La terre produit la matière du feu, ce feu l'anime et la vivifie; ce feu en se croisant, en se combinant avec les vapeurs de la terre, les soulève vers les corps célestes qu'elles font mouvoir et entretiennent en état continuel d'incandescence.

NOTA.

L'opinion que nous venons d'émettre dans le cours de cet ouvrage, relativement à la disposition du soleil, des étoiles et des planètes à l'entour de la terre, est entièrement conforme à celle professée par les astronomes de tous les pays; pour s'en assurer il suffit de jeter les yeux sur une planisphère céleste ou carte uranographique ; on y verra que tous les corps célestes consignés entre les deux tropiques, c'est-à-dire dans le voisinage de l'équateur, décrivent des cercles de la plus grande étendue, et qu'à mesure que de chaque côté de l'équateur l'on s'approche de l'un des pôles, les constellations ou assemblages d'étoiles décrivent des cercles ou circonférences de plus en plus resserrés ou étroits, de manière que la circonférence des étoiles polaires n'égale pas le dixième de celles qui sont dans l'équateur.

Que cependant toutes les étoiles, sans exception, et quelle que soit l'étendue de leur circonférence diurne , arrivent en même temps au méridien. La petite et la grande ourse qui ne disparaissent point sous l'horizon, emploient 24 heures à parcourir leur cercle ; Cassiopée, Céphée, Andromède, la lyre, la chèvre, dont la circonférence a au moins le double d'étendue, n'y emploient pas davantage de temps, et que toutes les constellations du zodiaque dont les circonférences dépassent celles de ces dernières de plus d'un tiers, les parcourent également en 24 heures.

Que le soleil, la lune et les autres planètes y sont représentés allant constamment d'un tropique à l'autre en opérant un mouvement spiralique de va et vient, que *figure* très-bien la disposition du zodiaque sur une sphère armillaire , lequel va obliquement d'un tropique à l'autre d'un seul trait, tandis que le soleil et les planètes y vont en exécutant un grand nombre de contours qui, par conséquent, sont moins obliques ; et que dès que ces globes sont arrivés à l'un des tropiques, ils retournent vers l'autre, s'écartant de chaque côté de l'équateur de 25 à 25 degrés, et pas au-delà.

Il en résulte que le soleil et les planètes visitent dans leur cours à peu près un quart de la surface de la terre, laissant de chaque côté de l'écliptique environ les trois quarts de la longueur d'un hémisphère sur laquelle ils ne peuvent s'avancer, parce que l'atmosphère ayant subi la même sphéricité que la terre, ils ne pourraient y remplir leurs fonctions sans rétrécir la circonférence de leurs cercles ordinaires, ce qui changerait totalement l'ordre général, et détruirait leur harmonie.

Il n'y a donc de différence entre notre manière d'expliquer le mécanisme de l'univers et la leur, que le rapprochement des corps célestes, la petitesse de leurs volumes, leurs fonctions, et l'ensemble de leur harmonie, qui fait que tous concourent au même but, marchent dans le même ordre, et se prêtent un mutuel secours, et ceci fondé sur les explications que nous avons données à chaque article.

Que le mot planètes, par lequel les astronomes de la plus haute antiquité, et d'après eux les modernes, ont désigné la lune et les autres globes qui y ont du rapport, signifie errantes : parce que les anciens astronomes, habitant l'Asie, et par conséquent le lieu le plus favorable pour en bien juger, voyaient ces globes s'écarter dans l'écliptique, de chaque côté de l'équateur, et après un certain espace de temps, revenir au même point, ainsi que le fait le soleil, qui chaque année revient au même point de départ que l'année précédente, pour recommencer un nouvel écart ; ce dont nous pouvons cependant nous convaincre par nous-mêmes, l'évidence de fait nous le démontre d'une manière irrécusable : car au mois de décembre nous voyons le soleil se lever et se coucher, tous les jours, vers le pôle sud de la terre et par conséquent au-delà de l'équateur, puis paraître pendant quelque temps comme stationnaire , revenir ensuite progressivement vers l'équateur , et enfin au mois de juin , se lever et se coucher vers le pôle nord de la terre. Le soleil a donc visiblement et progressivement changé de place; ce que le soleil fait pendant l'espace de six mois, la lune le fait en 28 jours à peu près ; et les autres planètes le font en plus ou moins de temps.

Tandis que les étoiles ne changent jamais de position, elles se lèvent et se couchent constamment aux mêmes points du ciel, c'est pourquoi on les appelle étoiles fixes, tandis que le soleil et les planètes sont appelés errants parce qu'ils changent continuellement de place.

Au mois de décembre , lorsque le soleil se retire de nous , il ne s'est avancé au-delà de l'équateur que d'une distance d'environ 600 lieues , et au mois de juin, lorsqu'il est plus près de nous , il ne s'est rapproché en deçà de l'équateur que d'environ 600 lieues; ainsi en hiver nous ne sommes que 1200 lieues plus éloignés du soleil qu'en été : en admettant, comme les astronomes actuels , d'après le système de Copernic, que le soleil soit un million de fois aussi volumineux que la terre, et qu'il en soit éloigné de 35 millions de lieues , n'est-il pas de la dernière évidence que son éloignement de 1200 lieues de nous , en plus ou en moins, ne produira aucun effet sur l'intensité de sa chaleur ; tandis qu'en hiver nous avons 15 degrés de froid et 27 de chaleur en été , ce qui fait une différence de 42 degrés? n'est-il pas vrai encore , que la minime sphéricité de la terre qui nous diminue les jours de moitié en hiver, ne devrait produire aucun effet si le soleil était à 35 millions de lieues de la terre?

Ainsi, nous persistons à dire que si le soleil avait le volume qu'on lui suppose, nous aurions en hiver le même degré de chaleur qu'en été , et que pendant toute l'année il serait impossible aux êtres vivants de résister à la violence de ses feux ; que la terre dévorée par un feu terrible ne produirait aucuns végétaux.

Que depuis l'équinoxe du printemps jusqu'à l'équinoxe d'automne . nous ne connaîtrions pas l'existence des nuits, parce que l'immense quantité de lumière dont le soleil serait le centre déborderait le globe de la terre de tous côtés, et qu'en hiver nous n'aurions pas une heure de nuit par 24 heures.

Qu'enfin ce que les astronomes désignent sous le nom de mouvement propre du soleil et des planètes, d'après lequel ils disent que ces globes ont un mouvement d'occident vers l'orient, n'est point un mouvement propre, mais seulement un retard dans l'accomplissement de leur révolution diurne, fondé comme nous l'avons dit ailleurs sur l'obliquité de leur marche qui prolonge leur retour au méridien d'un temps proportionnel à l'obliquité de leurs contours.

FIN.

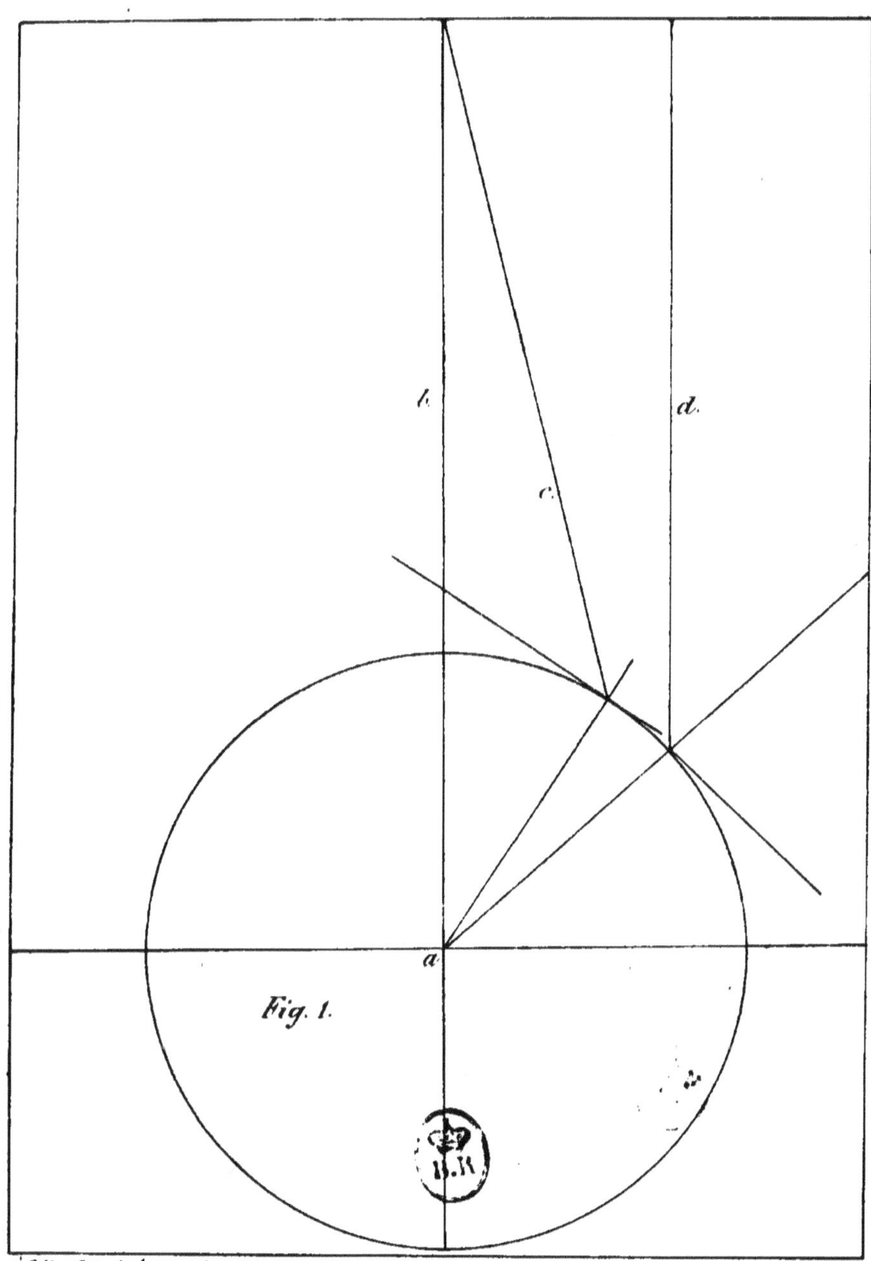

b.
d.
c.
a
Fig. 1.

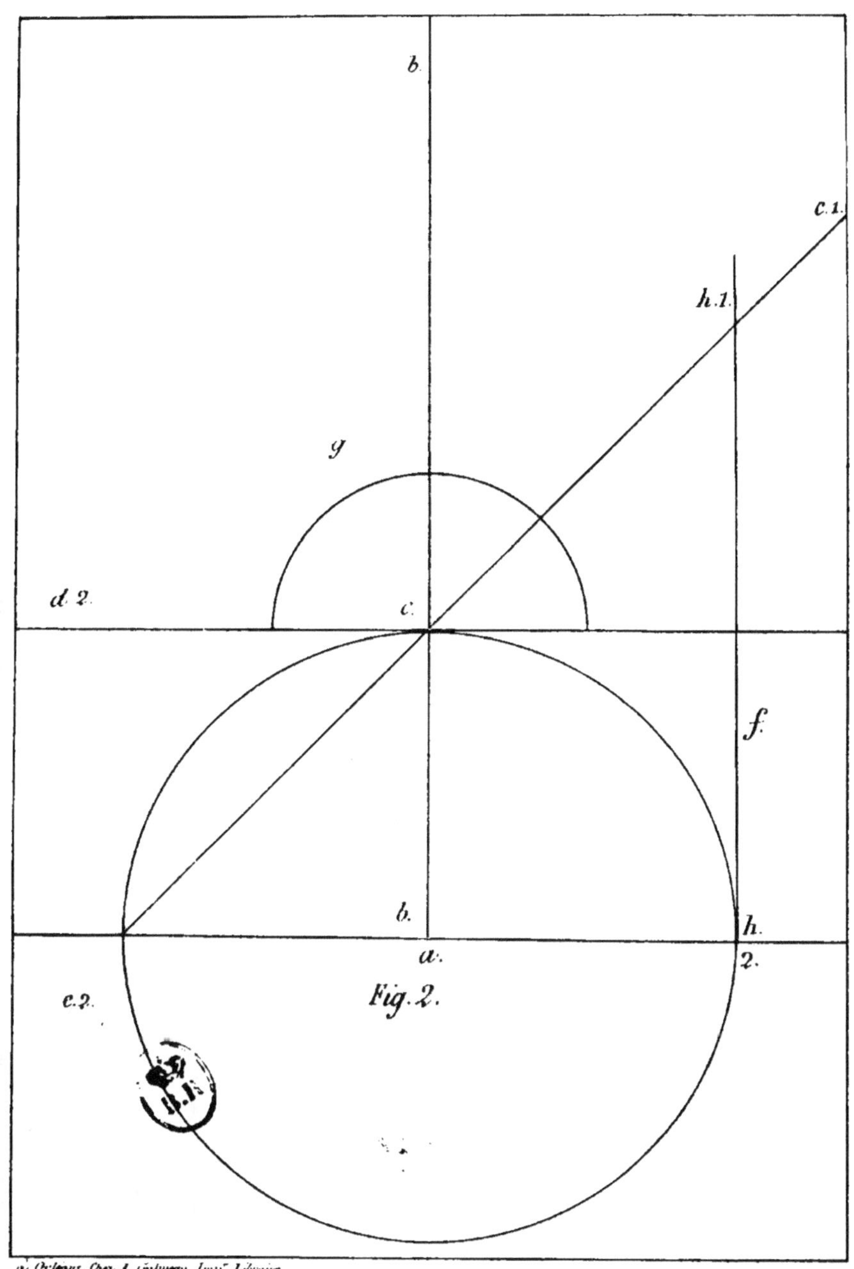

b.
c.1.
h.1.
g
d.2.
c.
f.
b.
h.
a.
2.
e.2.
Fig. 2.

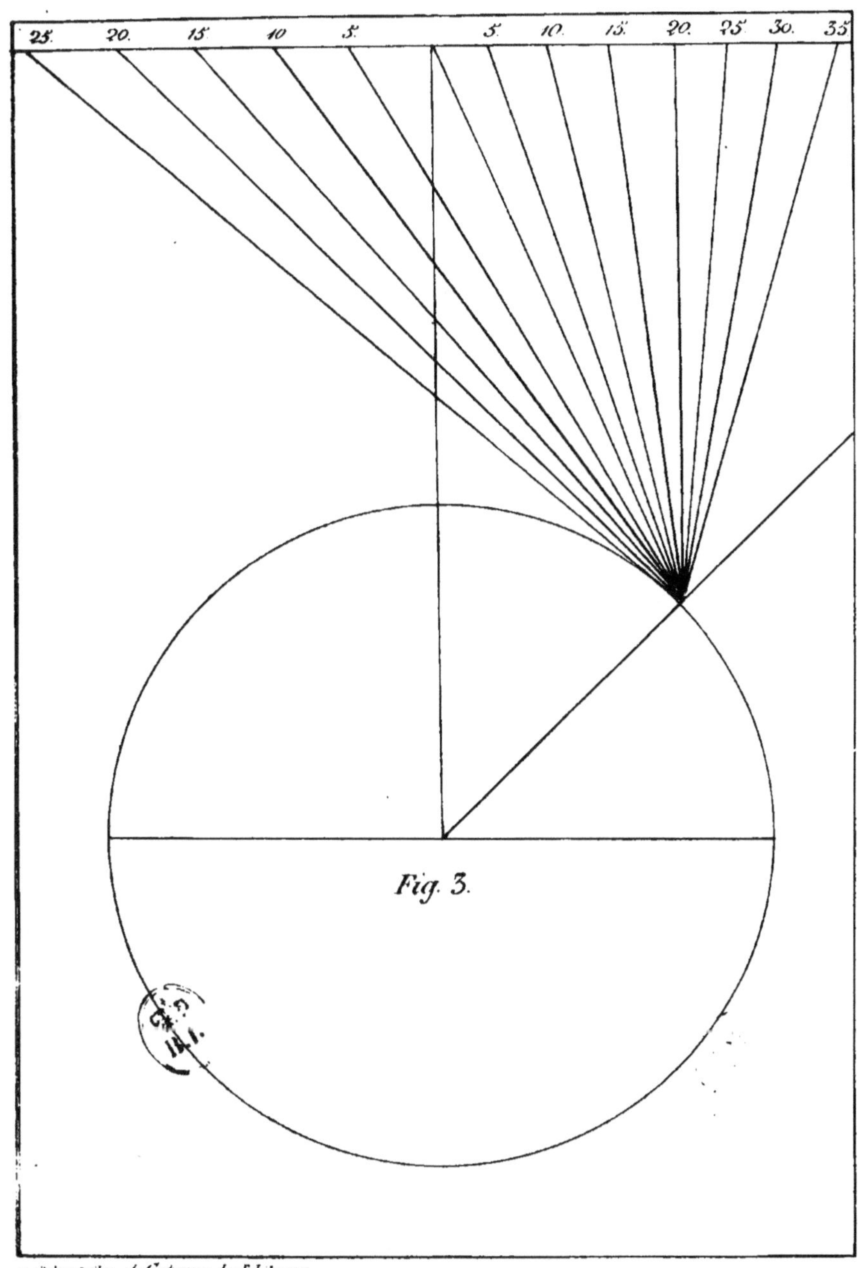

25. 20. 15. 10. 5. 5. 10. 15. 20. 25. 30. 35.
Fig. 3.

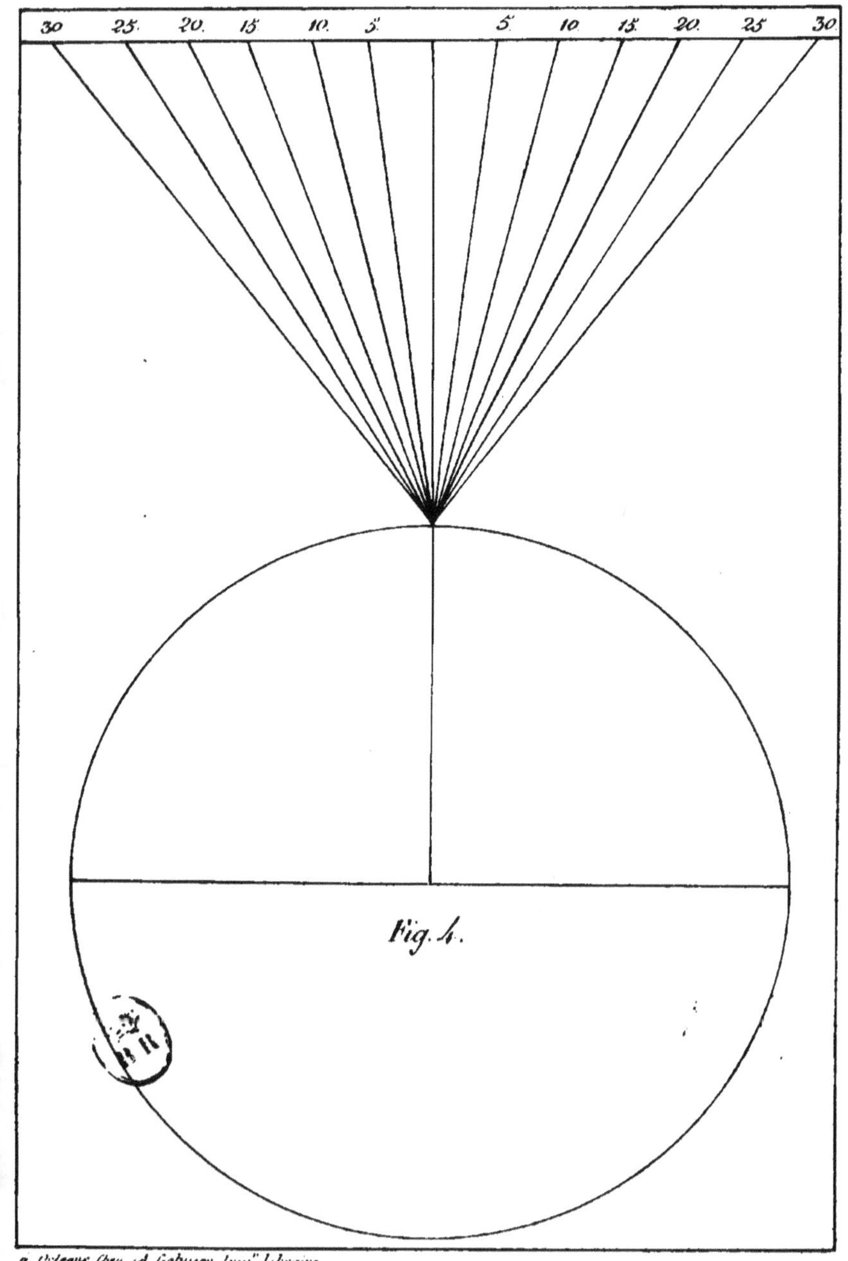

30. 25. 20. 15. 10. 5. 5. 10. 15. 20. 25. 30.
Fig. 4.

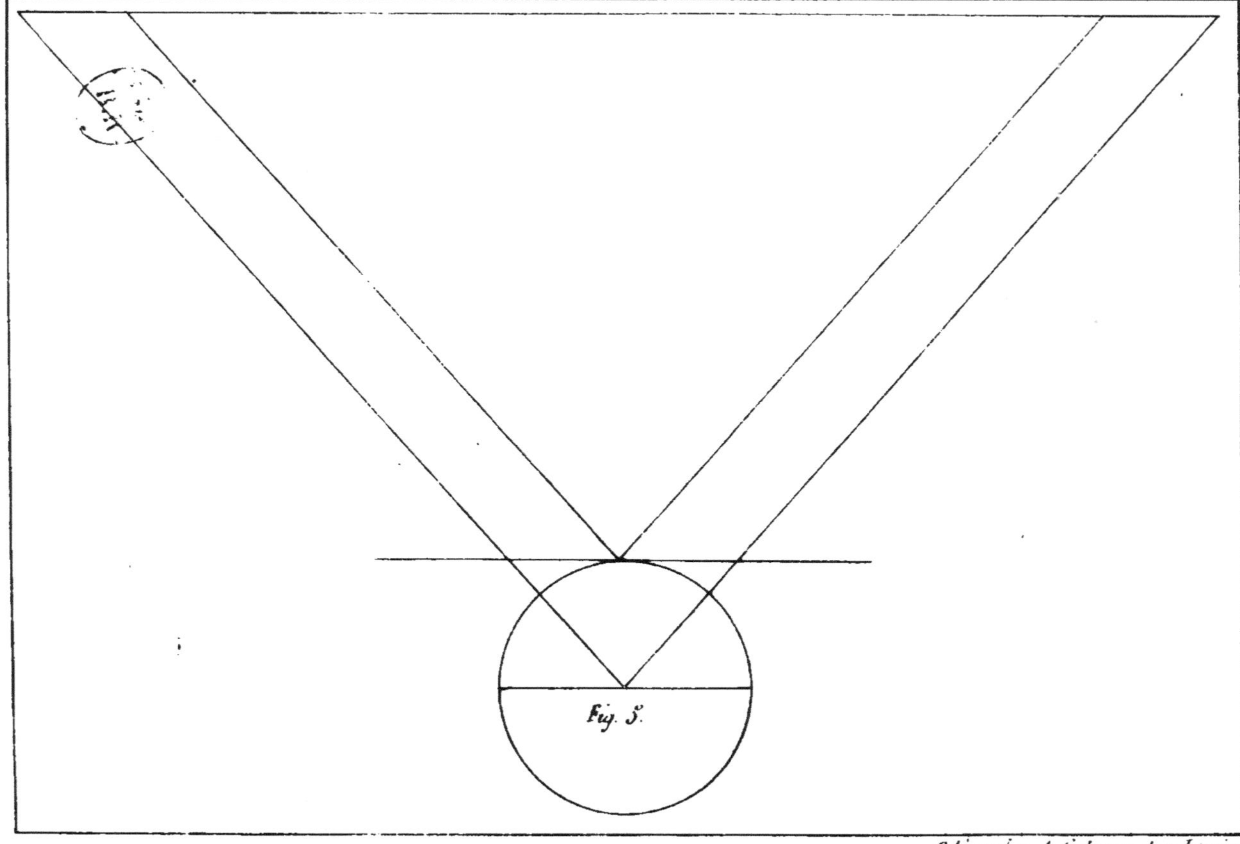

Orléans chez A. Gatineau Imp. Lorraine

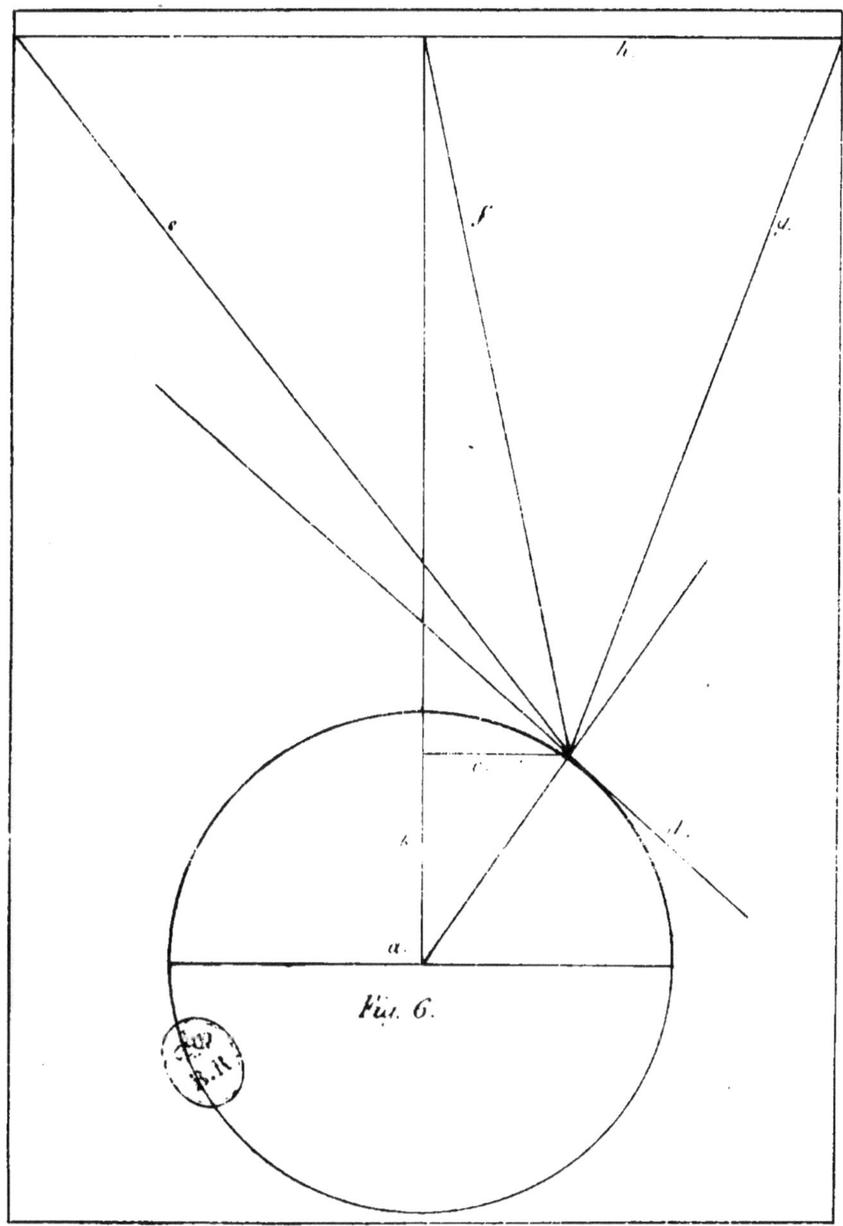

Fig. 6.

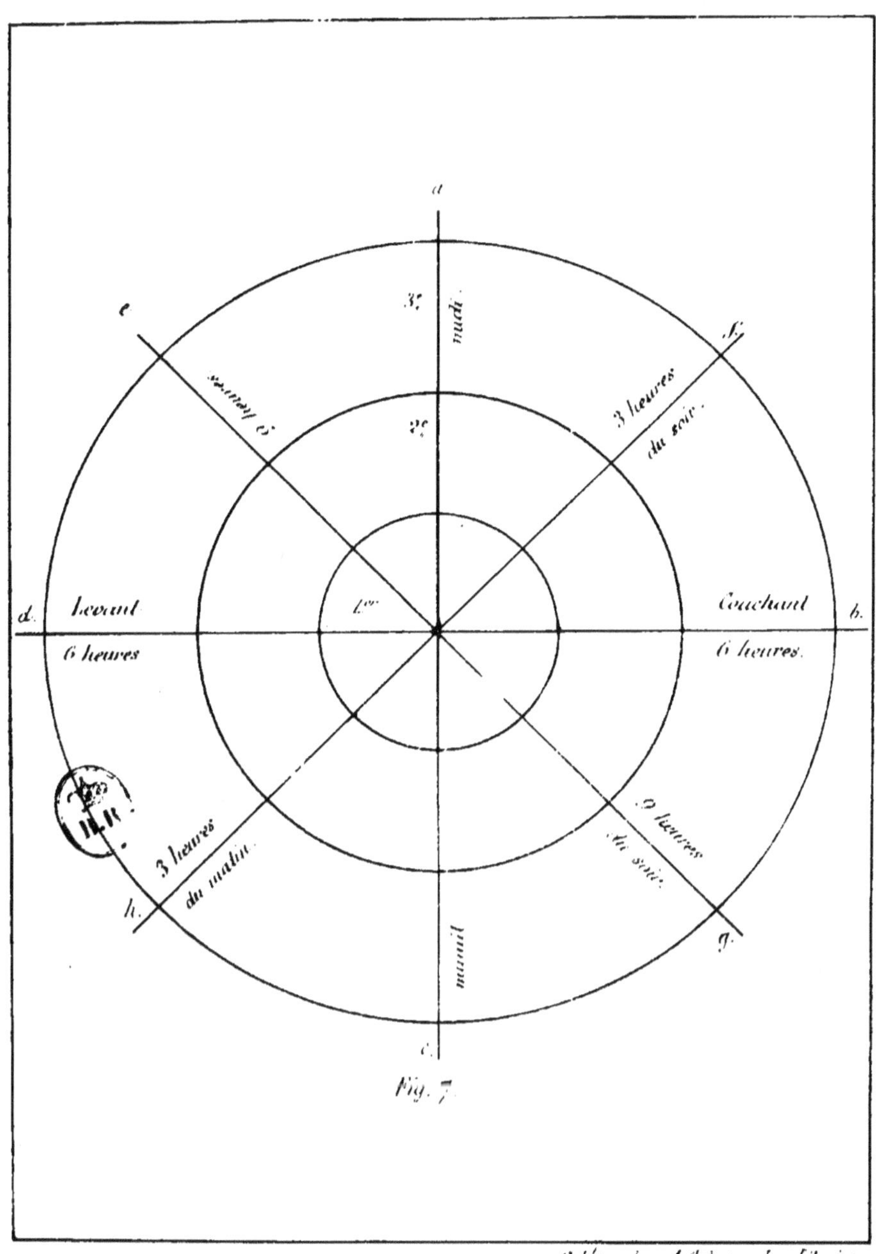

Orléans chez A. Gatineau Imp. Libraire.